◎青少年常识读本系列丛书◎

日常好习惯

姜春艳 ◆ 编著

吉林人民出版社

图书在版编目(CIP)数据

日常好习惯 / 姜春艳编著. -- 长春 : 吉林人民出
版社, 2012.5

(青少年常识读本系列丛书)

ISBN 978-7-206-09044-8

Ⅰ.①日… Ⅱ.①姜… Ⅲ.①习惯性 – 能力培养 – 青
年读物②习惯性 – 能力培养 – 少年读物 Ⅳ.
①B842.6-49

中国版本图书馆CIP数据核字(2012)第112341号

日常好习惯

RICHANG HAOXIGUAN

编　　著:姜春艳

责任编辑:田子佳　　　　　　　　封面设计:七　洱

吉林人民出版社出版 发行(长春市人民大街7548号　邮政编码:130022)

印　　刷:北京市一鑫印务有限公司

开　　本:670mm×950mm　　　　1/16

印　　张:12　　　　　　　字　　数:140千字

标准书号:ISBN 978-7-206-09044-8

版　　次:2012年7月第1版　　　印　　次:2023年6月第3次印刷

定　　价:38.00元

目 录

CONTENTS

运动习惯

生活习惯

目 录
CONTENTS

饮食习惯

目 录
CONTENTS

养生习惯

目 录
CONTENTS

行为习惯

目 录

CONTENTS

卫生习惯

目 录

CONTENTS

目 录
CONTENTS

就医习惯

目　录

CONTENTS

心理习惯 ·······················

目 录

CONTENTS

用药习惯

运动习惯

"懒人"要动起来

健康提示

没有锻炼习惯的人宜从小运动量开始，选练项目首先要考虑提高锻炼兴趣，养成锻炼习惯，以便能长期坚持下去。没有锻炼基础，可从简便易学、收效较快的健身步行和慢跑开始。当生理上和心理上逐渐开始适应并出现体质由弱变强的良好转机时，其锻炼的积极性就会倍增。在此基础上可再学些新项目，诸如小球活动、游泳等。

健康习惯

本身就患有疾病的人，应该在科学的运动处方指导下进行体育锻炼。所谓运动处方，就是根据医学检查资料，按其健康、体力以及心血管功能状况，结合生活环境条件和运动爱好等个人特点，用处方的形式规定适当的运动种类、时间和频率，并应指出运动中的注意事项，以便有计划地进行经常性锻炼，达到健身治病的目的。如果没有条件开具运动处方，那么在体育锻炼前必须严格进行体格检查，运动量要从小渐大。

一项大型调查显示，不常运动的人最需要解决的锻炼误区就是过度运动和不合理运动。这部分人体育锻炼要注意控制运动量，保证安全。脉搏监测是最简易可行的方法。用170减去年龄，这一公式为运动后即刻的脉搏标准，一般不宜超过110次/分。运动后5分钟至10分钟之内恢

复到运动前的脉搏水平为宜。另外，还要和自身的体质基础、食欲、睡眠等自我反应联系来评价。运动之后若达到心胸舒畅、精神愉快、轻度疲劳、食欲及睡眠较好、脉搏稳定、血压正常，说明运动量适宜，身体状况良好，可继续运动。如果运动后出现头痛、胸闷、心跳不适、食欲不振、睡眠不佳及明显的疲劳、厌练现象，说明运动量过大，应及时调整或暂时停止一段时间。

"八搓"搓出青春容颜

健康提示

经常搓以下的8个部位，可防衰老，当然，这需要你把它当成一件重要的事情来做，而不是十天半个月才想起来做一次。因此，它涉及习惯养成问题。

健康习惯

搓手：双手先对搓手背50下，然后再对搓手掌50下。经常搓手可以促进大脑和全身的兴奋枢纽，增加双手的灵活性、柔韧性和抗寒性，还可以延缓双手的衰老。**搓额**：左右轮流上下搓额头50下。经常搓额可以清醒大脑，还可以延缓皱纹的产生。**搓鼻**：用双手食指搓鼻梁的两侧。经常搓鼻可以使鼻腔畅通，并可起到防治感冒和鼻炎的作用。**搓耳**：用手掌来回搓耳朵50下，通过刺激耳朵上的穴位来促进全身的健康，并可以增强听力。**搓肋**：先左手后右手在两肋中间"胸腺"穴位轮流各搓50下，经常搓胸能起到安抚心脏的作用。**搓腹**：先左手后右手轮流搓腹部各50下，可促进消化、防止积食和便秘。**搓腰**：左右手掌在腰部搓50下，可补肾壮腰和加固元气，还可以防治腰酸。**搓足**：先用左手搓右足底50下，再用右手搓左足底50下。足部是人的"第二心脏"，可以促进血液的循环，激化和增强内分泌系统功能，加强人体的免疫和抗病的能力，并可增加足部的抗寒性。

削"峰"填"谷"腹部平

健康提示

腹部虽然是非常容易堆积脂肪的部位，但要减去腹部脂肪也不是一件难事，只要适量的有氧运动加上局部训练就可达到您想要的效果。下面3种简单易行的腹部训练法，依法训练一定会使您得到平坦的腹部。

健康习惯

方法一：1.两腿开立半蹲，双臂于胸前平屈，挺胸、立腰。2.两腿不动，身体慢慢左转，再向右转，尽量转到最大幅度。3.左右转动的速度由慢至快，注意腰部收紧，转动时要有控制，连续转动20～30次，休息1分钟后，再做2组。

方法二：1.屈膝仰卧，左脚放在右膝上，双手放头下。2.侧肩部慢慢抬起，右肘尽量靠近左膝，稍停后还原至动作。连续练习10～15次，休息后换方向做，左右各练习3组。注意慢起慢落，腹肌用力。

方法三：1.直腿坐立，两手撑地。2.左右腿交替，屈膝抬起，尽量靠近胸部，20～30次为1组，做3组。

每天练习或隔天练习。好习惯要坚持下去，一个月后便会初见成效。

多蹲少坐活动肌肉

健康提示

就像现在的婴儿不太会爬一样，现在的成人也越来越不会蹲了。个体的发育常折射出人种的进化。爬，是人类向直立行走进化链条中的最初环节。医学研究发现，婴儿多爬能促进背部脊神经的发育，而现在的婴儿却直接从躺或坐开始走或跑。蹲的姿势与胎儿在子宫里的姿势是非常相像的，这是人类寻求舒适和庇护的本能姿势。可惜的是，在讲究站有站相、坐有坐相的现代人眼里，蹲，可能是一种不雅观的姿势，因此逐渐被淘汰了。现代人在摒弃蹲的同时，也摒弃了健康。

健康习惯

现在，由于学习时长时间地采取坐的姿势，使腰腹部血液循环严重受阻，腰椎受压、脊柱前凸、颈椎僵直等各种疾病应运而生。时间久了，不仅不会蹲，连弯一下腰都气喘吁吁。虽然人们发明了各种各样漂亮舒适的席梦思和人性化设计的桌椅，可是腰颈肌劳损、骨质增生、糖尿病和肥胖症等一起向人类袭来。究其原因，就是人们躯干部位长期采取一种强直体位，活动得太少了。因此，建议大家养成多蹲一蹲的习惯，这样能挤压腹部血液，促进静脉回流，缓解腹部淤血。由于身体是前倾的，腰椎关节相对松弛，感到舒适，这也是为什么许多腰椎间盘突出的人采取蹲的强迫体位的原因。

起床做个醒脑操

健康提示

很多人早上刚起床时脑袋昏昏沉沉，似乎是没有睡够，因此都希望自己一觉醒来神清气爽，昨天的疲劳像晨雾一样消失。那么，怎样才能从蒙眬状态尽快地转换成清醒状态？有一个好习惯可以帮助你短时间内睁开眼睛，神采奕奕地迎接新的一天。

健康习惯

因为睡眠中的肌肉是松弛的，所以起床时身体特别柔软，但是背部在睡眠中受到压迫，所以背部反而是僵硬的。而活动身体的中枢神经又在脖子及背部，如果不松弛背部，改善血液循环，身体的活动神经很难"醒"过来。而且，神经是从脊椎一直延伸到全身，出口就受压迫，当然会让身体的活动力变差。这时候在床上就可以做背部伸展运动，马上就能派上用场。

呼吸分为无意识呼吸和有意识呼吸，应用有意识呼吸控制自律神经。和运动一样，有意识地让呼吸的节奏加快，就会渐渐加快心跳，让身体进入活动的状态。

起床后全身伸展的动作可以让肌肉醒来。伸展体操也可以柔软肌腱、韧带、关节以及活动神经系统。肌肉中有神经细胞，如果不伸展肌肉，神经的传达也会比较迟缓。特别是睡眠时，身体长时间保持同一个姿势，所以，全身的伸展动作是非常必要的。

步行是健康的"法宝"

健康提示

一说起健身，很多人马上就会想到跑步、跳舞、打太极拳、做健身操、进健身房，进而想到游泳、打球等等，这些当然都是很好的健身方法，只要有条件、有时间都可以各取所需。而实际上，步行也是一种健身的好习惯，只不过我们并未对它特别留意罢了。步行是惟一能坚持一生的有效锻炼方法，是一种最安全、最温和的锻炼方式。步行锻炼有利于精神放松，减少焦虑、压抑的情绪，提高身体免疫力。步行锻炼能使人心血管系统保持最大的功能，比久坐少动者肺活量大，有益于预防或减轻肥胖。步行促进新陈代谢，增加食欲，有利睡眠。步行锻炼还有利于防治关节炎。

健康习惯

步行最简便，最经济，可以说是对健康的零存整取，在时下许多城里人出门便是专车、的士、公交，生怕多走了一步的情况下，如果不是生活节奏过于紧张，步行对我们可真是大有裨益。粗算起来，步行至少有三大好处。

从医学角度来看，从容展步，收获的是筋舒体健。清代名医曹廷栋在《老老恒言》中说："坐久则络脉滞，步则舒筋而体健，从容展步，则精神足，力倍加爽健。"步行确实能达到这一效果，特别是坚持经常，坚持数年。从心理角度看，户外疾行，可助你消除各种烦恼。美国心理学家莎拉·史诺拉斯的试验报告指出，人们只要昂首阔步一会儿，便可使精神获得振奋。这是因为，疾行可使生命中本该具有，但却在无形中失却的人类的第七感觉——运动的自然本能重新置入生命之中，因而从肌体到精神都充满了生机和活力。同时，心烦时当即运动一下，可以转移大脑兴奋灶，使颅脑的兴奋中心，从左脑转移到大脑皮层运动区和掌握空间方位的右脑半球及管辖躯体平衡功能的小脑中去，从而使主司逻辑思维、计算得失的左脑半球得以抑制，于是，烦恼、沮丧等感觉也随之淡忘、冰释。更为重要的是，一旦左脑暂时处于抑制状态，正在主司运动的各脑区，尤其是右脑半球，不仅分泌出快乐激素，还能促使肌体分泌出大脑神经系统中原本缺乏的荷尔蒙，因而令人顿觉神清气爽。

学鸭状不患颈椎病

健康提示

除了从事文字及网络编辑工作之白领一族，以及从事财务工作之外，长时间伏案学习的青少年也是潜在的颈椎病主要患病人群，其不正确的行为习惯都容易加速颈椎退变。学生由于精神经常保持紧张，导致姿势僵硬容易患有颈椎不适。如手部和颈部麻木、恶心、眩晕、耳鸣等。

健康习惯

经常学鸭子"伸脖瞪眼"可防治颈椎病。具体做法：尽力向前伸展脖颈——回缩——再伸脖——再回缩，或用脖子写"米"字。这套被称为"鸭颈操"之动作，在循环往复中让颈部肌肉得到彻底伸展，拉伸韧带，放松痉挛之肌肉，有助于加快颈椎区域血液循环，增强颈部肌肉对疲劳之耐受能力。

需要注意之是，"鸭颈操"只能针对症状较轻或称"颈椎病前期"的人，对于症状严重者来说，应根据自身情况选择是否采用手段进行干预。

有害颈椎之不良姿势与习惯，你有没有？

在办公室边接电话边记录是提高效率之好办法，可是这种小聪明却是以牺牲颈椎健康为代价。打电话时，一边歪着头用脖子和肩膀共同夹住听筒或手机，一边进行记录或者敲击电脑键盘，以为这样的方式可以提高效率，而实际上，这对本已处于亚健康状态的颈椎来说，无疑是雪上加霜。将如此高难度的动作持续几分钟甚至十几分钟，颈后肌肉以及韧带长久受到劳损，极易诱发颈椎病。

躺着看书、看电视是一种放松，可是在全身得到放松之时候，却唯独累了颈椎。

躺在沙发上看电视、睡前躺在床上看书似乎是一种享受。殊不知，这样之姿势让颈部长久地保持紧张的僵直状态，阻碍了经由颈椎流向脑部的供血，导致脑循环供血紊乱，也给颈椎带来了慢性损伤，还会造成记忆力减退和精神不集中。

长期从事财会、写作、编校、打字、文秘等职业的人们，首先要有良好、自然的坐姿，头部略微前倾，保持头、颈、胸的正常生理曲线。眼和桌面保持30厘米的距离。另外，工作1~2个小时左右，让头颈部向左右转动数次，转动时应轻柔、缓慢。也可利用两张办公桌，两手撑于桌面，两足腾空，头往后仰，坚持5秒，重复3~5次。

拍拍打打也治病

健康提示

现代医学研究表明，拍打运动是一种很好的肌肉按摩的方法，可以促进血液循环，提高新陈代谢，解除局部肌肉的紧张，使局部关节，特别是肩、颈、肘、腕、指等关节得到适度的活动，有利于防治肌肉劳损、颈椎病、关节炎、肩周炎以及心血管系统疾病的发生。

健康习惯

现代医学证实，背部有许多穴位，如大椎、命门、膈俞等，通过捶打可以增强机体的抗病能力。此外，各种拍打运动也可以健身。因看书、看电视或上网时间较长而头昏时，可以轻轻拍拍脑门；腰腿酸痛不适，可用拳头捶捶腰，拍拍腿；走路时间较长时，双下肢酸胀不适，也可以用双手拍打揉搓，这些都是最简单的拍打运动。必须注意的是，拍打动作应先轻后重，先慢后快，快慢适中，不宜过猛，有病变的关节肌肉处，用力可稍重些，节奏可稍快些；拍打胸腹部、肋部及腰部时，用力要稍轻些。研究表明，拍打运动也是一种很好的肌肉按摩的方法，可以促进血液循环，加快新陈代谢，解除局部肌肉的紧张，使局部关节特别是肩、颈、肘、腕、指等关节得到适度的活动，有利于防治肌肉劳损、颈椎病、关节炎、肩周炎以及心血管系统疾病的发生。

捶打次数不限，每个部位应不少于数十、上百下，多多益善，但以无疲劳感，舒适轻松为度。力量应刚柔相济，轻重匀称（无疼痛感），速度应快慢适中。

小动作"抵挡若干病

健康提示

心脑血管疾病是人类最多见的、也是对健康威胁最大的疾病。心血管病常见的有高血压、冠心病、心律失常、心肌梗死、心源性猝死。脑血管病俗称中风，它包括脑梗塞短暂性脑缺血发作、脑出血、蛛网膜下腔出血等，脑血管病的共同病因多数是动脉硬化。心脏病可引起中风，中风亦可成为心脏病的先兆征象。这些病早期没有症状，必须早早预防。心脑血管病四季均可发生，冬夏季是高发期。以下一些看来并不起眼的"小动作"，既能减少或避免心脑血管病的发生，又对患者的病情有一定的缓解作用，经常做做必有好处。

健康习惯

一张一合　闲暇之时，经常做"张闭嘴"运动，即最大限度将嘴巴张开，同时伴之深吸一口气，闭口时将气呼出。如此一张一合，连续做30次。这样可改善脑部的血液循环，增强脑血管弹性。

咬牙切齿　把上下牙齿整口紧紧合拢，且用力一紧一松地"咬牙切齿"，咬紧时加倍用力，放松时也互不离开，可反复数十次。这样可以加速脑血管血液循环。

摇头晃脑　平坐，放松颈部肌肉，不停地上下点头3分钟左右，然后再左右旋转脖颈3分钟，每天2～3次。这种轻柔的颈部运动，可增强头部血管的抗压力，并减少胆固醇沉积于颈动脉的机会，不仅有利于预防中风，还有利于高血压、颈椎病的预防。

锻炼自己的下半身

健康提示

研究显示，人体全身有近500条肌肉集中在下半身，肌肉的持续力随着年龄增长而日渐衰退，握力、臂力、背力等上半身肌力到了60多岁仍可以有20多岁时的七成左右能力，但下半身由于要支撑整个身体的重量，只剩下约四成多。所以若想始终保持年轻的活力和身体，就要多做下半身锻炼。

健康习惯

1.阳台上踮踮脚

前脚掌着地，脚跟踮起，身体挺直，双手放在背后，以保持平衡，或者双手扶住墙。以20~30次为一组，中间休息3分钟，如果长期锻炼，体力比较好，可以增加至50~60次为一组。

2.客厅里面练下蹲

下蹲时背靠墙壁，腰部、骶部都紧贴墙壁，然后在膝盖以上做下蹲动作，与膝关节成135度就可以。动作缓慢一些，一个下蹲动作以1~3分钟为宜，中间休息2分钟左右，再进行下一个下蹲动作。

3.椅子上面抬抬腿

你可以坐在沙发上或者是凳子上，做抬腿运动，刚开始做单腿上抬，抬起与膝盖保持水平，换腿重复。如果锻炼较好可以双腿一起上抬。

4.旋转和拉伸脚踝

取跷二郎腿的姿势，将左腿弯曲，左脚踝置于右侧大腿上，用左手握住左脚踝靠近小腿处，右手握住左脚前脚掌旋转活动脚踝，顺时针、逆时针方向各10次，然后换脚进行。取跪位，小腿前面和脚背着地，上身缓缓后仰，尽量伸展脚踝前端的肌肉和韧带，保持后仰姿势约1分钟。长期坚持上述方法锻炼，脚踝不易老化僵硬，一般的高血压症状不仅能缓解，还会强身健体。只要每天坚持，持之以恒，定能养成习惯和获得收益。

经常活动腿部能使人朝气蓬勃

健康提示

假如您注意观察，会发现不同年龄的人走路有不同的特点。一些人走起路来步伐矫健，很有精神，但有些人则显得老态龙钟。再仔细观察，您会发现，有些人走路时每步迈出距离较短，且两脚之间的距离较宽。由于每步迈出的距离缩短，再加上步伐比较慢，行走的速度明显下降，这与人肌肉韧带的弹性和关节的灵活性下降有关。但适当的锻炼，可使年龄大的仍保持较好的柔韧性，走起路来照样很有精神。简便的方法是养成经常活动腿部的习惯。

健康习惯

1.一腿伸直站立，另一腿抬起，脚跟放在适当高度的物体上，一手可扶在旁边的物体上以保持平衡，椅子、栏杆、窗台、台阶等都可以利用。适当的高度是，当您把脚跟放在支撑物体上面，膝关节伸直并尽量勾脚尖时，可感到大腿后面被牵拉得有点痛，但可以忍受。保持这个姿势5秒、10秒或更长点时间（切忌身体一下、一下向下压），注意放松大腿后面的肌肉。当大腿后面被牵拉的感觉减轻后，上身向前压一点，坚持一会儿，再次轻压。重复4～5次以后，换另一条腿做同样练习。

2.用两前脚掌站在台阶或楼梯上，脚跟悬空，手扶栏杆以保持平衡。膝关节伸直，身体重心向下降，这时会感到小腿肌肉被拉紧。练习方法同上，保持一段时间，待被牵拉的感觉减轻后，重心再下降一点，脚跟再降低一些，重复4~5次。

活动脚趾可健胃

健康提示

当出现胃肠道不适的时候，试试动动脚趾。近日，日本医学家研究发现，经常活动脚趾可以健胃。国内也有专家指出，对脾胃虚弱的人来说，经常活动活动脚趾确实能起到健脾养胃的作用。

健康习惯

从中医理论的经络学看，胃经是经过脚的第二趾和第三趾之间，管脾胃的内庭穴也在脚趾的部位。一般来说，胃肠功能强的人，站立时脚趾抓地也很牢固。因此，胃肠功能较弱的人，不妨经常锻炼脚趾。活动脚趾时可以站立，让脚部的经络受到一定的压力，脚趾可以练习抓地、放松相结合的方式，对经络形成松紧交替刺激。还可以每天抽一点时间，练习用二趾和三趾夹东西，或在坐、卧时有意识地活动脚趾，持之以恒，胃肠功能就会逐渐增强。特别是有些人饮食没有节制，易吃伤脾胃，常活动脚趾能在一定程度上帮脾胃减负。

因此，可以顺手将小腿从上到下依次按摩一次，效果会更明显。因为小腿上集中了不少消化系统的穴位，像管脾经、肝经的足三阴在小腿内侧，管胃经、胆经的足三阳在小腿外侧，能够健脾的足三里在膝盖下三寸的外侧。按按这些穴位，都可以起到健脾养胃的作用，特别是足三里，过去就有"按按足三里，胜食老母鸡"的说法。

五官也要成为"运动场"

健康提示

到户外锻炼身体固然不错，但有时因天气或身体等原因不能如愿时，在家通过锻炼耳鼻口眼，也能达到防治疾病的目的。只要你把它当成一种习惯，当成一种必做的功课，即使不外出，也照样与户外效果等同。

运动耳朵有助于打通全身经络。经常对耳廓、耳根进行拉、摩、敲、搓、捏等，可以刺激耳廓的末梢神经及微血管，使局部循环加快，并有助疏通全身经络，增强代谢功能，促进血液循环，对全身防治疾病、增强体质很有益处。

健康习惯

可以重复做下面几个动作。

摩搓耳廓：两手五指并拢，手掌心分别横置于两耳廓上，均匀有力地顺向脑后推摩，再倒向面部拉摩。倒向面部拉摩时，手掌心将耳廓压倒并拉摩耳廓背部。一前一后为1次，共9次，摩搓后两耳廓有热感最好。

然后再做揉捏耳廓：两手拇指、食指相对，分别从耳廓上端向耳垂呈螺旋形揉捏，反复数次。接下来，用两手食指压面部耳屏前的听宫穴上，吸气时向上、向后揉，呼气时向下、向前按，一吸一呼揉按一圈，共9次。可以有效预防耳鸣、耳聋等疾病。

运动眼睛有助养肝。中医上讲，"肝受血而能视"，肝和，则目能辨五色。通过对双眼的按摩保健，使眼球得到更多的精血濡养，可以通过给眼睛做运动，保养肝脏，消除眼疾。

具体做法是，轻闭双眼，快速对搓两手小鱼际穴18次，使其发热置于眼球上，从眼内眦向眼外眦熨9次，重复两遍。

揉按眼睛至太阳穴，两手大拇指置于耳垂后，中指置于太阳穴，无名指置于瞳子，中指、无名指先向内、后向外各揉9次，以酸胀为限度。

你还可以通过鼓漱、搅动舌头的方法保健自己的大脑。每天清晨，你可以在床上就开始叩齿运动。活动时，牙齿要平正，叩击要有力，要能清楚地听到牙齿的撞击声，这样做100次。

还可以做做赤龙搅海，即上下唇轻闭，用舌尖舔抹牙齿内外，按顺时针方向、逆时针方向舔抹，先齿内，再齿外。舔抹时，舌尖要紧压牙根部缓慢周到，不要急躁，齿内外各9次。起床后，可以借着喝水的时候做做鼓漱运动，即口中会产生大量口水，此时不要唾出，鼓动两颊，让唾液在口中牙齿内外冲击流动，唾液会更增多。

生活习惯

睡觉也要"摆谱"

健康提示

睡眠时间长短对健康影响较大，睡眠姿势的影响则次之，但也不可小觑。人的一生有1/3时间在床上度过，根据自身的实际情况，养成一个良好的睡姿习惯，有利于健康。

睡姿有仰卧、侧卧、俯卧、蜷曲等多种姿势。各人具体情况不同，很难强求一律，应以感觉自然舒适为佳。通常认为仰卧和侧卧较好，俯卧会影响血液循环和呼吸功能，对健康不利。不过，这是对正常人或健康人而言，对病人或处于特殊状况的人来说，睡姿就很有讲究了。

健康习惯

腰痛患者

腰痛患者应睡硬板床，铺上7~9厘米厚的垫子，枕头高度以7厘米为好。这样，仰卧时可保持脊柱颈、胸、腰、骶4个生理弯曲，侧卧时脊柱不会侧弯。可仰卧也可侧卧，交替变换。

强直性脊柱炎患者

为缓解疼痛症状，强直性脊柱炎患者常常不自觉地采用低头弯腰姿势，易形成驼背畸形。最好采用俯卧姿势睡觉，至少应仰卧与俯卧交替。选用硬板床，枕头宜较一般人低，仰卧时可不用枕头。

长期卧床者

长期卧床的慢性病患者一直仰卧睡觉，背部及臀部骨骼突出部位受压，易发生褥疮。应每隔两小时翻身一次，由平卧改为侧卧或俯卧，并拍背帮助排痰。

睡觉打鼾者

不妨试试由仰卧改为侧卧或俯卧，约1/3打鼾者的睡眠状况可获得改善。

巧用热水当"良药"

健康提示

生病吃药，天经地义，但有些时候巧用热水能取而代之，免去用药之虞，改变了动辄吃药的习惯。

健康习惯

感冒头痛时，将一条干净毛巾放在脸盆中，以适量热开水浸湿，稍拧去水，叠平压在患者眼、鼻或头颈部的风池穴等部位，可大大缓解头痛。

打嗝不止时，喝上一大口开水含着，分7次咽下，稍待片刻，便能有效地止嗝。

当偏头痛发作时，取一盆热水（水温以不烫伤皮肤为宜），把双手浸入热水中，在浸泡过程中，要不断加热水，以保持水温，浸泡半小时左右，痛感便逐渐减轻，甚至完全消失。

肩膀如感到有点僵硬不适时，稍加按摩即能恢复。若无效，可在热水里加少量盐和醋，然后用毛巾浸水拧干，敷在患处，就能使肌肉变得松弛，大大缓解了不适感。

对于因外感风寒、久处阴冷潮湿环境造成的风湿性腰部寒痛，可以用热水蒸气熏烘的方法，使腰际处受暖而除去寒湿。即让患者平躺在两张椅子上，将后腰部的衣服撩起，取电热杯放入热水，接通电源，放在患者腰下，使之不断产生的热蒸气熏烘腰际，长期坚持，可散寒止痛。

患感冒而又不愿吃药时，可用热水浸脚治疗。将双脚泡在一大盆热水里，水以能够浸到踝骨为宜。在浸泡过程中，要不断地添加热水，浸泡至脚面发红或身上微微出汗为止，如果在水中放些盐、醋，则疗效更佳。使用此法，轻度感冒一次就能治愈。

麦粒肿（俗名针眼）初生时，取少许绿茶放入杯中，以沸水冲之，随后借助茶水的热蒸气熏眼，熏时睁开患眼，一般每次熏10分钟以上，熏1~3次，可止痛消肿。

若身上长小疖子红肿疼痛，可用热水浸湿毛巾，敷放在小疖子上，反复几次，其症状会很快消失。

血压升高时，可用热水泡脚降压。热水可稍多些，达到踝关节为佳。热水泡脚能反射性引起外周血管扩张，血压随之下降。

吃饭时让电视"黑屏"

健康提示

很多家庭吃饭时看电视，习以为常，以为是一举两得，其实不然，它带来的弊端很多，百分之百是个坏习惯，因此需要我们加以重视和克服。

食欲除了生理因素可以引起食欲外，外部因素也可以通过条件反射来增强食欲。边吃饭边看电视的人往往以电视为主，忽视了食物的味道，使本来已经出现的食欲因受到电视的抑制而降低或消失，久而久之就会出现营养不良现象。

人在吃饭时，需要有消化液和血液，帮助胃肠消化食物。吃饭时看电视，大脑也需要大量的血液。这样，相互争着血液的供应，结果两方面都不能得到充分的血液，就会吃不好饭，也看不好电视。时间长了，还会发生头晕、眼花。

健康习惯

大家都知道，大脑是人体的"司令官"，它一般喜欢一心一意地做事情。吃饭时它就忙着调动与进食有关的"部下"，分泌消化液，促进胃肠蠕动，咀嚼肌、舌头、牙齿协调动作等等。如果它专心做这项工作，就会完成得有条不紊。但是如果这时加进"看电视"这项任务，它就有些吃不消了。眼睛一会盯着电视，一会看看碗里。一旦故事情节滑稽有趣，面部的肌肉既要负责咀嚼，又要完成笑的动作，一不小心还会出差错，不是有"笑得令人喷饭"这一说法吗？

如果很投入的看电视，大脑的兴奋中心就会被看电视占据，而忽略吃饭这项任务。这时，我们可能对面前的美味佳肴失去兴趣，降低食欲。长此以往，就会造成营养不良，降低食欲。也可能走向另一个极端，或者没有注意自己已经吃了多少，是否吃饱了，而造成过量饮食，没准就成了"胖子"。

此外，吃饭时看电视，还容易发生意外。这并不是危言耸听，因为看电视入了迷，不小心被鱼刺扎了喉咙，或是将饭粒咽到气管里的事情都曾发生过。

所以，在家中不要边吃饭边看电视，最好是饭后20~30分钟再看电视。如果一定要看电视，在选择电视节目时，少看或不看紧张刺激情绪的节目。

3分钟法则让你受益无穷

健康提示

"不积跬步，无以至千里"，健康之道亦然。3分钟，仅一瞬间，很不起眼，以下10个"小习惯"却能成就健康的生活方式，让您远离亚健康和疾病。

健康习惯

1.刷牙是为了把牙齿的外面、里面、咬合面等各个牙面上的菌斑都去掉。这个工作量不算小，因此每次刷牙3分钟才能把所有牙齿都刷干净。

2.自来水经加氯消毒后，氯与水中残留的有机物相互作用，可形成多种卤代烃、氯仿等有害化合物，有致癌作用。实验证明，把水煮沸后再烧3分钟是将这些有害物质降至安全范围的好办法。

3.饮茶应当留意时间差，泡茶3分钟，茶中的咖啡碱基本上都渗出来了，这个时候喝茶，能提神振奋。如果人们要避免茶后兴奋，只要将第一道泡的茶水在3分钟内倒掉，然后再冲泡品尝，便可安心养神了。

4.吃完热菜、喝下热汤之后立即吃冷饮料，血管会急剧收缩，使血压升高，可出现头晕、恶心等症状。所以专家建议吃完了热的想喝点冷饮解渴，最好间隔3分钟，以减少对胃部的刺激。

5.滴眼药水后要轻轻闭眼，用食指压住内眼角3分钟。如果不这样做，不仅药液在眼球表面停留的时间短，药效作用不充分，而且眼药水流入鼻腔易被鼻腔微血管吸收，增加了药水的副作用。

6.有高血压、心脏病的人，睡醒后应先在床上闭目养神3分钟再起床。这是由于在刚醒来的一刹那，大脑处于蒙眬状态，血液黏稠，脑部缺氧缺血，容易跌倒，是发生脑中风最危险的时刻。

7.按中医理论"怒伤肝"，经常为小事而生气的人有损寿命。好心情比什么都重要，生气不该超过3分钟。尽快宣泄，竭力保持情绪的稳定。

8.蹲厕时间过长，会引起直肠静脉曲张，长此以往自然会使直肠静脉长时间受压，导致淤血形成静脉团，诱发痔疮。一般认为，超过3分钟的蹲厕时间，就可能导致痔疮的形成，其轻重程度也由时间长短决定。

9.每个人都有运动时上气不接下气的经历，这时应稍微歇歇。通过运动间短暂的3分钟停顿休息，人的肌肉就能完成足够的能量补充，以备下一次运动使用。而更长的休息时间不会带来多少益处。

10.仰卧，解开腰带，放松全身，然后吸足一口气，有意识地使肚子鼓足，憋一会儿再慢慢呼出去。每次呼吸要深而慢，每口气的呼吸时间越长越好。腹式呼吸是全身胸腹部内脏器官的运动，整个过程3分钟，有助于消食、化痰和入眠。

别和床笫太"黏糊"

健康提示

睡懒觉使大脑皮层抑制时间过长，天长日久，可人为引起一定程度的大脑功能障碍，导致理解力和记忆力减退，还会使免疫功能下降，扰乱肌体的生物节律，使人懒散，产生惰性，同时对肌肉、关节和泌尿系统也不利。另外，血液循环不畅，全身的营养输送不及时，还会影响新陈代谢。由于夜间关闭门窗睡觉，早晨室内空气混浊，恋床很容易造成感冒、咳嗽等呼吸系统疾病的发生。

健康习惯

睡懒觉会打乱人生物钟节律。正常的人体的内分泌及各种脏器的活动，有一定的昼夜规律。这种生物规律调节着人本身的各种生理活动，使人在白天精力充沛，夜里睡眠安稳。如果平时生活较规律而到假期睡懒觉，就会扰乱体内生物钟节律，使内分泌激素出现异常。长时间如此，则会精神不振，情绪低落。

睡懒觉会影响胃肠道功能

一般早饭在7点钟左右，此时晚饭的食物已基本消化完，胃肠会因饥饿而引起收缩。爱睡懒觉的人宁愿肚子饿也不愿早起吃早饭，时间长了，易发生慢性胃炎、溃疡病等，也容易发生消化不良。

睡懒觉妨碍身体素质的提高

俗话说，早睡早起身体好。早晨睡懒觉会增加体内多余脂肪的积累，容易使人发胖。体内脂肪越多，发生冠心病、心脑血管疾病的概率就越高。据调查，百岁以上的寿星中没有一个是肥胖的，要想健康长寿就要控制肥胖度。此外，晨起锻炼对中枢神经系统和内分泌系统有着良性的刺激作用，能改善新陈代谢的过程，如果睡懒觉，不参加体育锻炼，则不利于身体素质的提高。

睡懒觉导致多种疾病的发生

睡觉时间过长，对肌肉、关节和泌尿系统都不利。活动减少，血液循环不畅，会使全身的营养素输送不及时，肌肉、关节等处的新陈代谢产物也不能及时被血液带走。再者，当人站立或坐着时，肾脏排出的每滴尿液都能顺利从输尿管迅速排入膀胱，而卧床久了，尿液就容易在肾脏或输尿管中滞留，尿中的有毒物质就会损害身体健康，导致多种疾病发生。

睡懒觉不利于慢性病患者康复

有些患慢性疾病者，往往一不舒服便睡懒觉，或停止早晨活动，赖在床上不起。这是一种很消极的方法，长此下去，对治疗疾病不利，会使人精神不振，易出现头昏乏力等症状，并损伤胃肠道黏膜，影响消化和吸收。此外，还会破坏人体生物钟，扰乱内分泌系统的正常工作。因此，慢性病患者要努力戒除睡懒觉的不良习惯，早晨坚持起床作适度的康复锻炼。

吃蔬菜不必图新鲜

健康提示

人们大都有把鲜嫩油绿的蔬菜买来后趁着新鲜烹调食用的习惯，认为这样做的菜对人体健康有益。可蔬菜吃得太新鲜，也会惹来麻烦。因为刚刚采摘的蔬菜，常常带有多种对人体有害的物质。现在农作物的种植过程中，均大量使用化肥和其他有机肥料，特别是为了防治病虫害，经常施用各种农药，有时甚至在采摘的前一两天还往蔬菜上喷洒农药，这些肥料和农药往往对人体有害。

健康习惯

其实，新鲜并不一定意味着更有营养。科学家研究发现，大多数蔬菜存放一周后的营养成分含量与刚采摘时相差无几，甚至是完全相同的。

据美国一位食品学教授发现，西红柿、马铃薯和菜花经过一周的存放后，它们所含有的维生素C有所下降，而甘蓝、甜瓜、青椒和菠菜存放一周后，其维生素C的含量基本没有变化。经过冷藏保存的卷心菜甚至比新鲜卷心菜含有更加丰富的维生素C。

所以，生活中我们切不可为了单纯追求蔬菜的新鲜，而忽视了其中可能存在的有害物质。对于新鲜蔬菜我们应适当存放一段时间，使残留的有害物质逐渐分解减弱后再吃也不迟，而对于那些容易衰败的蔬菜，也应多次清洗之后再食用。

清晨请关严你的窗户

健康提示

人们往往认为早晨的空气最新鲜，这其实是误解。空气新鲜与否，取决于空气污染的轻重。早晨、傍晚和夜晚空气污染较严重，其中晚上7点和早晨7点左右为污染高峰时间，当然此时的空气就是最不新鲜的了。此外，清晨的时候温度低，气压高，空气中的微小沙尘、不良气体等都被大气压力压在接近地面的地方，很难向高空散发，经常性地在清晨开窗子换进并不新鲜的空气，对健康并没有多大的好处。

健康习惯

早晨起来拉开窗子换换空气，看起来是个很惬意的事情，但是对城市中居住的人来说，这种做法并不可取。

一些车流量较大的街道，夜间城市底层大气比白天稳定，不利于污染物的扩散，所以早晨6点左右，污染物浓度依然很高。

鉴于此，对于生活在街道旁边的居民来说，最好等到沉积在地面的污浊空气升空后再开窗换气。

8点左右，这时候气温较高，空气质量也较好，是开窗换气好时机。在窗前种一些绿色植物，可以过滤掉一些不良空气，让早晨的呼吸更清新畅快。

"夜猫子"的自我调节

健康提示

生活在节奏紧张的现代社会，没有熬过夜的人是幸运的人。熬夜会使身体的正常节律发生紊乱，对视力、肠胃及睡眠都造成影响。那么，亡羊补牢，经常熬夜的人应该养成以下自我保健的习惯。

健康习惯

熬夜的人多半是应试制度下伏案苦读的学生们，在昏黄灯光下苦战一夜容易使眼肌疲劳、视力下降。维生素A及维生素B对预防视力减弱有一定效果，维生素A可调节视网膜感光物质——视紫的合成，能提高熬夜工作者对昏暗光线的适应力，防止视觉疲劳。所以要多吃胡萝卜、韭菜、鳗鱼等富含维生素A的食物，以及富含维生素B的瘦肉、鱼肉、猪肝等动物性食品。此外，还应适当补充热量，吃一些水果、蔬菜及蛋白质食品，如肉、蛋等来补充体力消耗，但千万不要大鱼大肉地猛吃。

专家认为，吃一些花生米、杏仁、腰果、胡桃等干果类食品，它们含有丰富的蛋白质、维生素B、维生素E、钙和铁等矿物质以及植物油，而胆固醇的含量很低，对恢复体能有特殊的功效。

除了在饮食上下功夫，熬夜一族要重视的还有加强身体锻炼。熬夜

中如感到精力不足或者欲睡，就应做一会儿体操或到户外活动一下。由于熬夜会占去正常睡眠的时间，因此在补充睡眠上不妨见机行事。如放学回家时，在车上闭目养神片刻，或在学校午休时为自己安排一小会儿午睡等，可恢复体力，使精神振作。

主动休身和主动休心

健康提示

近年来，科学家提出了一种全新的休息方式——主动休息。即在身体尚未感到疲乏和心境达到临界状态时就休息，包括主动休身和主动休心。

生理学家做了这样一个试验：让一组身强力壮的青年搬运工人往货轮上装铁锭，小伙子们连续干了4个小时，结果勉强装了12.5吨的货物，已经个个精疲力竭。可是，一天后，让这些小伙子每干26分钟就主动歇息4分钟，同样花4小时，却装了47吨的铁锭且不觉得很累。试验表明，人体持续活动愈久或劳动强度愈大，疲劳的程度就愈重，消除的时间也愈长，这就是"累了才休息"的弊端。

第二次世界大战期间，年已高龄的英国首相丘吉尔，日理万机、夜以继日地工作，但他工作起来总是精力充沛。原来他很会安排自己的休息，每天中午都上床睡1小时，晚上8时吃晚饭之前，又上床睡2个小时，即使乘车，他也抓紧时间闭目养神、打盹儿。正是这种主动休息的好习惯，使他不觉疲惫，做出了惊人的业绩。

健康习惯

谁都知道疲劳的滋味很不好受，也都知道休息能消除疲劳，可是不少人干起工作来连续几个小时，甚至夜以继日，直到疲劳不堪后才休息。当然，这种干劲可以赞扬，但是不值得仿效，也不宜提倡。因为这样长期下去，会使人积劳成疾。许多人英年早逝，就是这一原因引起的。正确的做法是应该提前主动休息，不疲劳也要休息一下，这是预防疲劳、保持精力旺盛的诀窍。怎样做到这一点呢？那就是根据缓急安排工作，提高工作效率，缩短工作时间，并要不断加强学习，提高业务素质。工作一段时间后，采用伸伸臂、弯弯腰、哼哼歌曲、听听音乐、观赏宣传画、做操、跳舞、打球、散步等方式，争取时间适当小憩。

静止不动不等于休息，不少人以为坐在沙发上或躺在床上身体不动就是休息。其实不然，因为休息的含义是指暂时停止工作。如是一个脑力劳动者，虽然是坐着或躺着，但是还在那里动脑筋继续思考问题，那根本就不是休息。相反，与人聊天说笑，浏览报刊或聆听音乐等，这些才是真正的休息。况且，一个人多坐或多躺，长时间静止不动，不但影响食物的消化，还有碍人体气血的流动循环，促使下肢老化，步履艰难，行走不便。

主动休心的方式有很多，包括心静、心怡、心安、心宽、心善等，其中心静是基础与核心，俗话说："静能养神，静可生慧。"心静是人恢复生命活力的要诀。

午睡不是随便睡

健康提示

绝大多数人都愿意在午饭后休息一会儿，这并不是我们的懒散，而

是由于我们体内的生物节律在起作用，而午睡恰恰是人体保护生物节律的一种方法。午睡虽好，但还真有不少讲究，只有合理的午睡方法才能达到最好的效果。

健康习惯

饭后先别急着睡。一般午睡后，人都会觉得精神为之一振，所以认为中午只要睡了，就能达到效果。其实，人人都知道夏天午睡重要，但午睡的效果好坏，不是靠人的感觉，而是看如何睡、睡多长时间。

除了讲究入睡时间，午睡还要注意卫生。睡前不要吃太油腻的东西，也不要吃得太饱，因为油腻会增加血黏稠度，加重冠状动脉病变，过饱会加重胃消化负担。另外，很多人习惯午饭后就睡，而这时胃刚被食物充满，大量的血液流向胃，血压下降，大脑供氧及营养明显下降，马上入睡会引起大脑供血不足。所以，午睡前最好活动10来分钟，如散散步，以利于食物消化。

午睡不能趴着睡。很多人重视午睡，却不重视睡姿，要么趴在桌上睡会儿，要么找个阴凉地儿坐着歇会儿，认为这就是午睡。午睡虽然就是打个盹儿，但是绝不能太随意，否则不但达不到休息的效果，还会影响身体健康。大部分人都不注意午睡的姿势，有的俯卧，有的干脆伏在桌上睡。要知道，坐着睡及伏案睡觉都会减少头部供血，让人睡醒后出现头昏、眼花、乏力等一系列大脑缺血缺氧的症状。同时，用手当枕头会使眼球受压，久而久之容易诱发眼病，而且趴在桌上会压迫胸部，影响血液循环和神经传导，使双臂、双手发麻、刺痛。

最理想的午睡姿势应该是舒舒服服地躺下，平卧或侧卧，最好是头高脚低、向右侧卧。这样可以减少心脏压力，防止打鼾，还可以帮助胃里的食物向十二指肠移动。

星期天不妨晚上床

健康提示

据国外一家研究机构最近的一个问卷调查表明，近80%的人星期一早晨起床后情绪低落。为什么会这样呢？为什么星期一就比星期二、星期三更让人疲惫呢？研究者现在对此给出了答案。

健康习惯

德国雷根斯堡大学附属医院睡眠医学中心主任于尔根·楚尔莱认为，原因不在星期一早上，而在星期天夜里。为什么呢？因为人们在星期天就开始为星期一的烦恼担心了：面对复杂的人际关系和沉重的工作压力，人们思前想后，无法安然入睡。

楚尔莱建议，抑制星期一心情沮丧的一个重要手段就是在星期日晚上千万别太早上床，而要晚一点。因为"这样上床时会感觉比较困，您就可以更好地休息"。

然而，让星期一成为最糟糕一天的并非只有前一天晚上。让人难以应付的还有一种微弱的时差感。德国慕尼黑大学医学心理学研究所的节律研究者蒂尔·伦内贝格说，许多人在早晨都会受"社会时差感"折磨。

畅销书《幸福公式》的作者斯特凡·克莱因则认为，人们在周一早上情绪低落，这种感觉与囚犯的心态类似。克莱因说："在星期一，我们在享受了两天自由后突然又得约束自己。"他认为，令人高度紧张的是被他人指使的感觉，"长期有这种感觉会让人生病，没有什么比能自由支配时间更幸福了"。

汉堡的研究者找到的另一个原因是"上司"。实验科学社会研究协会进行的一项调查表明，42%的女性和36%的男性在一周的工作开始时感到上司让自己精神紧张。

美国的压力研究者理查德·拉扎勒斯在20世纪70年代就主张，人们不必忍受星期一的沮丧情绪，因为压力和坏情绪是每个人自己造成的。他通过测定血液中的压力荷尔蒙证实，如果我们作出不同的反应，比如换一个角度看问题，我们就可以影响精神压力的大小。就星期一而言，这意味着在星期天下午不去想星期一早上的人会最舒心地度过一周中最难过的一天。

床头摆放有讲究

健康提示

科技的进步带来了生活上的便利，也带来了越来越多的电磁污染。电视、电冰箱、电脑、手机等工作时，产生的电磁波就是电磁辐射。但电磁辐射和电磁污染不同，电磁辐射无处不在，而电磁污染只有在电磁辐射超过一定强度后，才会致人头疼、失眠、记忆衰退、视力下降、血压升高或下降等，严重的可能引起部分人员流产、白内障，甚至诱发癌症。

健康习惯

床大概要算是测量家中电磁场的重要的部位。如果长期睡在高磁场的地方，可以想象这影响有多大。由此也可以知道所谓的"床头音响"是不应该放置在床头的。原则上任何的电器用品都应该远离你的床。许多住宾馆的人总抱怨睡眠质量不好，其实很可能就是宾馆的床铺附近放置了电暖器、电风扇、空气清新机、空调等电器作怪。要知道，一个小型电暖器的磁场就可以高达200mT以上。

此外，床头的朝向也需注意，一般而言，房屋墙壁可分为外墙和内墙。外墙（与室外相邻）往往湿度高，温差大；内墙（分割室内房间）相对湿度低，温差小，因此建议把床头靠着内墙睡而且不要靠着墙角睡，才不易生病。对年轻人而言，可能还感觉不到头靠外墙睡会有什么不适，但等到年老时，就可能会产生颈椎病、风湿病等慢性疾病。

床头不宜在窗下。这是因为床头在窗下，人睡眠时有不安全感。如遇大风、雷雨天，这种感觉更是强烈。再者窗子是通风的地方，人们在睡眠时稍有不慎就会感冒。如果家中有儿童，容易借床爬窗，因此很危险。

床头不宜设在卧室门处。客厅里的人一眼就能看见卧室的床，会使卧室缺乏宁静感，影响睡眠，也不雅观。

床的摆放不宜正对梳妆镜。这主要是因夜晚人起来时，特别是睡眠中的人朦胧醒来时或噩梦惊醒时，在光线较暗的地方，看到镜中的自己或他人活动，容易受惊吓。

把节俭当成习惯

健康提示

谁知盘中餐，粒粒皆辛苦。很多人或许并不真正懂得这两句诗的含义。浪费一粒米饭，有什么可小题大做的呢？然而，这个细小的看法，却有可能演变成花钱大手大脚、随意浪费的习惯。一粒米不珍贵，那么一碗米饭又有什么珍贵的呢？浪费一顿精美的晚餐又有什么关系呢？

健康习惯

事实上，节俭尤其体现在细微处。我们必须认识到，一粒米、一滴水、一度电来之不易，都是人们辛勤劳动换来的。只有真正懂得劳动的艰辛，才会真正理解节俭的含义。这才是谁知盘中餐，粒粒皆辛苦的真正含义。只有理解了这一点，我们才能真正做到勤俭节约。

勤俭有助于磨炼人的意志，能锻炼人吃苦耐劳、坚韧不拔的品格。古人曾说过俭以养德，苦其心志、劳其筋骨是成就事业的重要条件。没有勤奋劳动、艰苦奋斗的精神和不畏艰险、努力拼搏的意志，就很难适应竞争日益剧烈的社会需要。俭朴的生活可以培养优良的品质，提高人的精神境界，如果让孩子自小养成好逸恶劳、追求吃喝玩乐、花钱大手大脚的习惯，那是很危险的。

我国有个考察团访问日本，参观了日本屈指可数的大财团之一丰田公司。细心的参观者发现卫生间里，每个抽水马桶的水箱中都放有几块砖，感到十分惊奇。日方人员见到客人面带惊异的神色，便笑着解释：放砖是为了缓解水流速度，节约冲水量。节俭是丰田公司事业成功，且历久不衰的一大因素。

在水箱中放砖头，按某些中国人的说法算是十足的小家子气。然而，日本丰田公司在某种意义上正是靠着小家子气发家致富，走向成功的，这种致富不忘节俭的精神，是多么难能可贵！

德国前总理科尔有次宴请朋友，快吃完时，发现盘子里还有些汤汁，便用面包在盘子里擦了一下。他吃完面包后，发现盘子里还有点汤水，就毫不犹豫地拿起盘子，用舌头舔了起来。德国之所以能从二战后极其困难的条件下，一跃而成为经济强国，正是由于千千万万个德国人，都有科尔总理的这种节俭的精神。德国现在富了，但他们没有忘记过去。

与日本、德国相比，中国相对较穷。虽说新中国成立后，经过改革开放，综合国力有所提高，但人均收入仍是世界上较低的国家之一，有数百万的学龄儿童交不起学费。因此，我们更需要勤劳节俭。

不要养成说谎的习惯

健康提示

有句古语说："言而无信，不知其可乎?"可是千百年来，撒谎这个人类所深恶痛绝的性格缺陷却仍然无法克服。其实这世界上，没有能够永远瞒住别人的谎言，正如"纸包不住火"一样，真相终有一天会大白的。

健康习惯

人为什么会撒谎? 很多人就是出自于习惯。这习惯有可能是天性中与生俱来的，这习惯也有可能是后天养成的。在现实生活中，撒谎可以有好几种类型。以对象来说，有对自己撒谎的，即人们常说的自欺。像"掩耳盗铃"就属于这种类型，明知道偷铃会被人发现，却自我撒谎道：只要捂住耳朵，别人就发现不了。常见的是撒谎给别人，即人们常说的欺人。

另外，以撒谎的意图来看，有善意的撒谎。某位病人已病入膏肓，他的女儿对他撒谎说，你的病很快就会好的。苏格拉底曾经说，对敌人撒谎是善行。这都是善意的撒谎。有恶意的撒谎，这类撒谎者内心卑污，巴不得别人倒霉，他好看热闹、笑话。某个寂静的夜里，一栋大楼

上突然传出急促的叫声：地震啦！地震啦！很多从睡梦中醒过来的人慌得连裤子都来不及穿就跑了出去，拥拥挤挤半天，这才知道这是那个平日里吊儿郎当的小青年在那儿撒谎骗大家，原来是闹着玩！大家万分气愤，而那个小青年却在那儿哈哈大笑。

有人对这种撒谎行为进行了研究，结果发现一些原本职业声望很高的人员，如政府要员、民意代表、司法人员、律师在撒谎的几率上要远远高于那些社会中的普通人。为什么这些居高位者、当权者、受过良好教育的人却都喜欢撒谎这种人所不齿的行径呢？

中国人讲究为人要讲信用，西方人也高唱"诚实为上策"，这实际上即要求人们克服自己爱撒谎的毛病，因为撒谎确非人生妙招：它会让人对你失去信任；它会让人对你心存芥蒂；它会让人对你增加猜忌；撒谎的人劳心劳力、辛苦异常。这种人通常都费心费力地在"算计"、"折磨"、"对付"别人，时时考虑为自己圆谎，时时担心自己的撒谎被揭穿而真相大白，实在是痛苦！

正如前文所言，撒谎最终是要露出原形的，所谓"欲盖弥彰"，撒谎者瞒得了一时，瞒不了一世，最终都是搬起石头砸自己的脚。所以，诚实是通向成功的最佳选择。诚实是谎言的天敌。不被拆穿的唯一诀窍即永远正直、诚实。克制自己企图说谎的欲望，靠坚强的意志力或者转移自己的注意力。克服自己说谎的不良习惯，可以让你的父母、朋友来督促你、监督你，你在严密的监控下会一步步克服这个坏习惯的。

让你成为学习尖子的好习惯

健康提示

大家都知道，正确的学习方法和习惯是学习成功的保证。为什么在相同的学习条件、智力水平差不多的条件下，有些学生学习成绩却有天壤之别？凡是学习好的学生，他们都有一套适合自己的科学的学习方法和良好的学习习惯。所以，从现在开始，我们就应该养成良好的学习习惯。

健康习惯

提前预习的习惯预习可以有学期预习、周预习、日预习。学期预习，是在发下新书后，学生们对新书感到特别新鲜好奇的情况下进行。往后看书，那些地方看不懂，就用彩笔特别标记出来。如果周预习特别细致，那么一般不需要进行日预习。如果周预习比较粗，或者没有进行周预习，则需要进行日预习，一般20分钟即可。

细心观察的习惯　观察习惯的培养，首先生活中处处留心，处处留心皆学问。遇到新奇的事物，比如去动物园看动物，出去旅游看风景等，要仔细地观察细部，审视细节，不要只是笼统地看大概。观察要从形状、声音、颜色、味道、数量等方面入手。与相邻的或者相似的事物进行对比。其次，课堂的学习中同样需要细心观察并给自己提出问题，比如：1. 你能找出平行四边形面积和三角形面积之间的关系吗？2. 平行四边形的高与三角形的高之间有什么关系？3. 你能用平行四边形的面积公式推导出三角形的面积公式吗？其实，这些都是非常良好的观察训练。

勤于动笔的习惯　平时读自己的课外书时，边读边动笔。动笔，可以是做标注，用线段或者符号把自己特别感兴趣的词句标注出来。开始时可以先摘抄，不要大段大段摘抄，而是要有选择，选择自己特别感兴趣的片断。之后，可以是批注，在自己的课外书的空白处，简单批一个词，如精彩太妙了不对之类，以后可以批注完整的一句话，再往后，可以用几句话，完整地表达自己的意思。总之，一定要做到不动笔墨不读书。外出时，及时把所见所闻和感想记录下来，哪怕非常粗略非常简单，都要记录，假以时日，就养成习惯了。养成写日记、记随笔的习惯。开头时可以非常简单，几个字，不会的字可以用拼音甚至符号，之后是一句话，再之后可以逐渐复杂，写成片断，甚至写成完整的文章。关键是培养习惯。日记、随笔，仍然是以片断为主。

背诵的习惯　我们不赞成死记硬背，但是记诵确实是青少年在记忆的黄金时期的一个不可忽略的良好的学习习惯。学习英语，不一定细抠语法和句式等等，最好在读准音的前提下，把英文课文全文背诵过。这是许多英语专家的教诲，更是一个学英语的好习惯。对于中小学语文课本所选的中国古典诗文，尽量都记诵过。如果能够记诵大量的古典诗文，将会受益终身。这也是中国传统语文教育的一个良好教学方法。对于一些常见常闻的历史典故、艺术故事，不必死死板板地去记，而是熟悉即可。一些常用的数学、物理、化学公式和数据，还是能够达到开口就能说得上来为好。当然用到时可以去查阅工具书，但如果能把一些常用公式、数据背过，储存在自己的大脑中，不是受益终身吗？

仔细审题的习惯　读题时不添字，不漏字，不读错字，不断句，逐字逐句、逐符号地读。边读边划。用----（虚线）划出表示条件的句子，用——（实线）划出问题的句子，用着重号标出关键句子。同时，能够用线段画图，图示出相应的数量关系。能够复述出题意。

定期复习整理的习惯　每天晚上在做家庭作业前，将当天学过的知识及时浏览一遍。学会运用表格来复习整理。每周末，及时将所有知识进行一次系统整理。运用表格的过程，实际就是重新消化知识，梳理成体系的过程。学会对着教材的目录、章节题目，进行回忆整理。目录、章节就是知识的提纲。复习整理不要超过半小时。

学习的好习惯是开启成功的金钥匙

健康提示

学习习惯影响着学习效果。在学习过程中，好习惯是开启成功的金钥匙，而坏习惯则是一扇向失败敞开的大门。在学习上，良好的习惯会助你在日复一日的努力中自然走向成功；而不良的习惯，则使你的智慧与能量在不知不觉中消耗殆尽。破除坏习惯，养成好习惯，是青少年取得学习与事业成功的第一步。

健康习惯

破坏坏习惯从青少年的现实情况来看，有的人在行动上"拖拖拉拉"，有的人对浪费时间"不以为然"，有的人对别人的指导"自以为是"，还有的人对新知识"不求甚解"。这些都是青少年常见的不良习惯，这些不良的习惯是一个人不自觉、不加控制的行为，经过长期的累积、强化而形成的"动力定型"，对人有根深蒂固的"惯性"影响。因此，青少年只有彻底认识到这些不良习惯的危害，并有"与之势不两立"的破除决心，才有可能改掉这些不良的习惯。

用好习惯来规范自己"主动自觉"、"惜时如金"、"不耻下问"、"精益求精""惯于随时记录好的字词句"、"求异思维"等，是许多成功人士的良好习惯。青少年在决心戒除坏习惯的同时，应当用建立这些好习惯来代替。你可以用制订学习计划、行动计划来规范自己的行为，并将这些行为规范用白纸黑字写出来放在显眼处，随时提醒自己，坚决执行。还可将执行这些行为规范的决心告诉家人或朋友，以增强外在的监督力和约束力。

抓紧时间，立即实施。当你认识到改变坏习惯的重要性，并打算实施时，就应当从现在做立即行动、付诸实施，说干就干，决不能怠慢。

持之以恒，始终如一。在新的良好习惯牢固地建立之前，旧的习惯是难以改变的，要改变就要坚决彻底，一次也不能破例。因为旧习惯有回归的本能，就好像你好不容易绕起来的一团线，稍不注意一松手掉在地上就会滑落很多，结果前功尽弃。一船说来，如果你能连续坚持25天，你就可以建立一个良好的新习惯，就有可能改变你一生。那么，你愿意连续坚持25天吗？

强化意志，战胜自己。任何要改变不良习惯的人，在心理上都会有一段特别难跨越的时期。尤其是在改变的初期，有很多的不适应。越是在这种不适应的时候，你就越是要强化自己的意志力。只要你愿意和下决心，你的意志力就一定会帮助你迈步向前。过去你做得不好，不是你不能够做好，而是你没有做好；不是不能改变，而是你没有去改变。只要你愿意改变并相信自己能够做好，你就一定会做得很好。

播种好行为就能形成好习惯；播种好习惯就能建立好人格；播种好人格就能拥有好命运。当你做到了这些，你就主宰了你自己的命运。

饮食习惯

饮食需要"绿色意识"

健康提示

现代文明给社会带来一个大问题，就是环境受到不同程度的污染，因而殃及食品。为了健康，务必注意吃东西要把安全放在首位。在选购食品时，千万不可淡化"绿色意识"，要选择较少污染，比较洁净的食品吃。

健康习惯

化肥污染主要指氮肥（如尿素、硫铵等）施用量偏多引起的污染，表现为蔬菜体内硝酸盐超量积聚。硝酸盐在人体消化道内会形成亚硝胺，是一种致癌物质，长期食用富含硝酸盐的蔬菜，对人体健康构成潜在威胁。有关科研成果表明，各类蔬菜富集硝酸盐的含量差别很大，有的甚至相差十几倍。各类蔬菜硝酸盐平均含量由高到低呈现如下规律：

根菜类>薯芋类>绿叶菜类>白菜类>葱蒜类>豆类>瓜类>茄果类>多年生类>食用菌类>营养体（根茎叶）>生殖体（花果种子）。

简言之，以营养体（根、茎、叶）为食用部分的蔬菜污染重；以生殖体（花、果、种子）为食用部分的蔬菜污染轻。而番茄、辣椒、西瓜、黄瓜、香菇具有自我消除硝酸盐不利影响的能力。严重聚集硝酸盐的蔬菜有菠菜、叶用芥菜等。

另外，在饮食结构上，还要注意食物的多样性和膳食的平衡。最佳的饮食结构应是一个金字塔形。同时，健康的饮食不仅指买回来了绿色食品，它还跟人们的饮食方式息息相关。

过度的肉食，过多的烹调加工，饮食高度精致化，使国人营养极度不均衡，导致健康受到影响，使得油脂及蛋白质摄取过多。而维生素、矿物质、膳食纤维摄取过少的状况，使得文明病滋生，高血压、糖尿病，甚至癌症等，都变成低龄化且很常见的疾病。

健康饮食观不代表奢侈、不等同治疗，它是绿色的、时尚的，是一种认真达观的生活态度，是你身体健康的坚实基础。所以我们的脸不可以有绿色，但是我们的饮食习惯，却真该和春天一样好好地"绿色"一下了。

多吃白肉　少吃红肉

健康提示

红肉被有关专家放在健康饮食金字塔的顶端，如果你每天都吃红肉，如猪肉、牛肉和羊肉等，就需要改变一下自己的饮食习惯了。

健康习惯

红肉是指猪肉、牛肉、羊肉等。白肉是指鸡肉、鸭肉、鹅肉、兔肉、鱼肉和海产品等。红肉与白肉相比较，有两方面明显的弱点。一是脂肪含量高，尤其是猪肉，脂肪含量很高。每100克猪肉中脂肪含量高达30.3克，而每100克鸡肉中脂肪的含量仅10克左右，只是猪肉的1/3。即便瘦猪肉，所含的脂肪量还是很高的。二是红肉的脂肪中多为饱和脂肪（一种坏脂肪），而其不饱和脂肪（一种好脂肪）的含量却比较低，如牛肉中的不饱和脂肪仅占脂肪总量的6.5%。在鸡肉的脂肪中，不饱和脂肪占24.7%，好脂肪高于牛肉的近4倍之多。大家知道，脂肪高和饱和脂肪高会影响人体健康，包括心脑血管疾病和某些癌症。根据世界卫生组织对22个国家的调查表明，凡是脂肪摄入量高的地区，居民的冠心病发病率和死亡率都高。因此，从健康角度看，红肉不如白肉。

在白肉当中，如果把鱼和红肉来比较，那白肉有更明显的优点。这是因为鱼含有丰富的Ω–3脂肪酸，它对于防治心脑血管疾病和癌症均有很突出的功效。

一些研究机构和专家指出，多食红肉将会增加患癌症的风险。英国一项流行病学的调查认为，肉食的摄入确实与乳腺癌的危险性上升有关。不少研究结果提示，红肉及其加工肉食品的大量摄入，是结肠癌、胰腺癌、乳腺癌、前列腺癌和肾癌发病率上升因素之一。

英国最近有两项重要报告建议，如果饮食中非要包括红肉的话，每日摄入的红肉量限制在80克以下。最有效的方法是以白肉（鱼肉、鸡肉、鸭肉）代替红肉。美国沃尔特教授研究指出，白肉确有着抗癌作用，每日吃适量的鱼肉可使人患结肠癌风险下降25%，每日吃去皮鸡肉可使人患结肠癌风险下降50%。Ω−3脂肪酸可抑制恶性肿瘤的生长。

定期吃顿"有滋无味"的饭

健康提示

世界卫生组织建议，每人每日盐摄入量不应超过6克，对儿童和未成年人来说尤其如此。一项由亚洲、欧洲和美洲科学工作者联合进行的

研究也表明，如果你养成经常吃一顿没有食盐的午餐或者晚餐的习惯，会给健康带来许多意想不到的好处。

健康习惯

盐吃多了流失钙。在我国居民尤其是北方居民的饮食中，一向存在"咸则鲜"、"好厨师一把盐"、"菜咸好下饭"的观念，喜欢吃较咸的食品，俗称"口重"。然而，长期摄入大量的盐对健康的影响和危害非常大，不仅会诱发高血压，还可能引发胃炎、消化性溃疡、上呼吸道感染等疾病。另外，食盐过量还是导致骨质疏松的罪魁祸首。因为肾脏每天会将过多的钠随尿液排到体外，每排泄1000毫克的钠，同时损耗大约26毫克的钙。所以人体需要排掉的钠越多，钙的消耗也就越大，最终必然会影响骨骼的正常生长。

无盐餐好处多。科学家们认为，没有食盐的食物有利于平衡细胞内外渗透的压力，从而释放了部分对细胞不利的因素，这是一种全身现象。它提示了那些摄取大量食盐的人，应当定期吃一些清淡或者没有食盐的食物。尤其是那些经常在外就餐的人，平时并没有办法控制食物中盐的含量，因此建议每周吃一次无盐餐，让肠胃和血管得到充分净化。当然，无盐餐不能吃得太频繁，一周最多两次，因为盐摄入得太少同样会破坏体内的离子平衡，对身体不利。这也是不同国家科学家在分别对动物进行实验后得出的结论，此项实验的结果对于人类改善自己的健康有很大的指导意义。定期吃顿无盐餐不仅可以减少盐的摄入，也可清理肠胃、平衡渗透压，为我们的健康保驾护航。

无盐餐也能很可口。对于"口重"的人来说，突然吃无盐餐可能不太习惯，大家可以利用以下几种方法来让食物变得可口：

1. 利用油香味。

2. 利用酸味。

3. 利用糖醋调味。

4. 采用保持食物原味的烹调方法。如蒸、炖等，有助于保持食物原有的香味。

5.可用中药材与香辛料调味。使用当归、枸杞、川芎、红枣、黑枣、肉桂、五香、八角、花椒等香辛料，添加风味。

不渴也要勤喝水

健康提示

对于许多人来说，只有口渴时才想起喝水，其实这种做法不甚正确。人们总以为口渴时，人体内才缺水，但事实并非如此。水是生命之源，人的身体里面水占到体重的70%以上，它对维护人体的循环和新陈代谢，具有不可替代的作用。有资料表明：如果一个人有水喝，不吃饭可以坚持一个月之久，但是如果喝不到水，生命维持不了一星期。由此我们可以看出水对人体的重要性。就成年人而言，每天每人喝水应不少于3公升。当然，喝水也要讲究方法，不要一次喝很多水。

水是身体细胞的构成物质，不仅充满身体整个组织细胞间，是身体内主要的流体，以维持体液的正常浓度；同时食物的消化、吸收、营养素之运送及利用的每一个过程，都需要水的参与；而经消化、吸收、代谢后所剩余的食物残渣、代谢废物，也需要水的帮助，才能顺利排出体外。此外，水分尚有的其他功能，如润滑关节，避免骨头与骨头之间发生摩擦、提供黏液分泌基质，润滑肠胃道、呼吸系统、泌尿道以及平衡体温等。由此可见水对人体健康的重要性。如果身体失去体重15%~20%的水量，就会停止生理机能，甚至死亡。

健康习惯

人体中这么多的地方需要水，用量如此大，所以一定要养成多喝水、勤喝水的习惯。但到底要喝多少水才合适？其实没有严格的标准，只是有一些说法可参考，如看到自己的尿液像白开水一样清清的，量多且快意顺畅，这样的量就表示喝得够，而尿液颜色深就应该多喝水了。不过特别提醒大家，有时清清如水的尿液，也并非是喝足水，而可能是肾功能衰竭，根本无法排出体内废物，所以最好请教医师，了解自己的肾脏是否健康。同时，如果有运动，也要增加饮水量。

记住，时刻别忘了你手中的水杯，让它成为你须臾不离的朋友。

早餐一定要吃

健康提示

把吃早饭列为健康长寿的一项措施有其一定的科学道理。在一日三餐的安排中，最马虎、最有问题的是早餐，而早餐对于补充人体热能有着极其重要的意义。

健康习惯

俗话说，一年之计在于春，一日之计在于晨。一般上午学习、工作强度都比下午大得多，体力、脑力消耗大，所需能量也多。早饭马马虎虎，有的人甚至不吃早饭就去上学、上班，能量不足，迫使人体挖"库存"，消耗贮存在体内的糖原、脂肪、蛋白质，这是一种极不明智的做法。因为，将能量贮存起来需要做功，将已经贮存在体内的糖、脂肪转化为能量，又需要做功。往往是功倍事半，既不能满足人体需要，又容易发生疲劳。久而久之，会导致体质下降，诱发疾病。也有的人早餐搭配不当，过分强调营养，喝牛奶、吃鸡蛋，却忽视了谷类食物的摄入，结果热能摄入依然不足。理想的早餐是"干稀搭配"，即粥、豆浆、牛奶、馒头、包子等搭配；"主副食品混食"，即除了主食外，还应有鸡蛋、咸蛋、花生米、黄豆、肉类等副食品搭配，这样才能满足人体对营养的需要，保持充沛的体力和精力，保证身体健康。

现在提倡的营养早餐，是指能保证人体在整个上午的劳动和学习过程中有旺盛的体力和精力。按专家的建议，早餐所供给的能量应占全天能量的30%，早餐提供的各种营养素应该达到推荐的每天膳食中营养素供给量的25%。从这一点来看，我们早餐吃的食物量约占全天总食物量的1/3。由此可见，早餐不应该只是填饱肚子，更重要的是吃得合理，才能确保健康。

分析一下不吃早餐者，主要有两类人：一是赖床不起，起床后则匆匆上班者；二是减肥者，能省一餐是一餐。前者必须改掉坏习惯早起20分钟，舒舒服服地吃顿早餐，精神十足地去上班。后者除了超肥者外，也不能省略了早餐。习惯容易养成，关键就看你想不想做。

口味应因地因人而异

健康提示

随着生活水平的提高，人们选择符合自己口味的饭菜本无可厚非。但每个人的身体状况有所不同，对某一种口味过于偏好，会对健康造成一定的损害。

每种菜系口味的产生，是和当地地域环境有密切关系的。比如四川人爱吃麻辣，成都火锅里有一层厚厚的辣椒、花椒和红油浮在面上，辣子鸡看上去除了鸡块就是大块大块的红辣椒，但当地人吃了却辣而不燥，这是当地的潮湿天气造成的。但在北方干燥的气候下，过多地吃辣不利于身体健康。

健康习惯

专家建议，从营养学的角度讲，菜要搭配着吃，不光是酸、辣、甜、咸等味道要搭配，荤和素、多油与少油也要搭配，吃得全面才能保证营养平衡。只重口味而忽视营养，久而久之会导致一些疾病发生。比如，吃辣太多对肠胃不好，有胃病的人就更应节制；吃盐太多会增加肾脏负担，长期如此还会影响心血管健康。

从中医养生学角度说，对于饮食口味，中医讲究五味调和。五味是指酸、苦、甘、辛、咸。饮食中对某一口味过度追求，都会造成脏腑阴阳的偏盛或偏衰，进而产生疾病。中医认为，甜味入脾，但过食甜腻食物，则会壅塞、滞气，不仅使血糖升高、胆固醇增加，还会引起身体缺钙及维生素B_1的不足。适当吃酸食有促进食欲等功效，但过量会引起胃肠道痉挛及消化功能紊乱，脾胃有病的人应该少吃。辣入肺有发散、行气、活血等功能，吃多了则会刺激胃黏膜，并使肺气过盛。因此，患有痔疮、肛裂、消化道溃疡、便秘以及神经衰弱的人，少吃为好。咸味入肾，在呕吐、腹泻及大汗后，喝点淡盐水还能防止体内微量元素缺乏，但日常饮食吃得太咸就会增加心脏负担，使血液黏稠。

总之，把握一点：不管是哪种口味，都不要过分偏好。坚持这一原则，养成固定的饮食习惯，就会保持健康。

为了胃健康 饭前先喝汤

健康提示

常言道"饭前先喝汤，胜过良药方"，这话是有科学道理的。吃饭前先喝汤，等于给消化道加点"润滑剂"，使食物能顺利下咽，防止干硬食物刺激消化道黏膜。

健康习惯

吃饭过程中不时进点汤，有助于食物的稀释和搅拌，从而有益于胃肠对食物的消化和吸收。若饭前不喝汤，吃饭时也不进汤水，则饭后会因胃液的大量分泌使体液丧失过多而产生口渴，这时才喝水，反而会冲淡胃液，影响食物的吸收和消化。所以，营养学家认为，养成饭前或吃饭时不断进点汤水的习惯还可以减少食道炎、胃炎等疾病的发生。

当然，饭前喝汤有益健康，并不是说喝得多就好，要因人而异，也要掌握进汤时间，一般中晚餐前以半碗汤为宜，而早餐前可适当多些，因一夜睡眠后，人体水分损失较多。喝汤时间以饭前20分钟左右为好，吃饭时也可缓慢少量喝汤。总之，喝汤以胃部舒适为度，饭前饭后切忌"狂饮"。

饭前喝汤也有讲究：

喝汤吃"渣" 有人做过检验，用鱼、鸡、牛肉等不同含高蛋白质原料的食品煮6小时后，看上去汤已很浓，但蛋白质的溶出率只有6%～15%，还有85%以上的蛋白质仍留在"渣"中。经过长时间烧煮的汤，其"渣"吃起来口感虽不是最好，但其中的肽类、氨基酸更利于人体的消化吸收。因此，除了吃流食的人以外，应提倡将汤与"渣"一起吃下去。

少喝"独味汤" 每种食品所含的营养素都是不全面的，即使是鲜味极佳的富含氨基酸的"浓汤"，仍会缺少若干人体不能自行合成的"必需氨基酸"、多种矿物质和维生素。因此，提倡用几种动物与植物性食品混合煮汤，不但可使鲜味互相叠加，也使营养更全面。

不喝太烫的汤 喝50℃以下的汤最适宜。有的人喜欢喝滚烫的汤，其实人的口腔、食道、胃黏膜最高只能承受60℃的温度，超过此温度则会造成黏膜烫伤。虽然烫伤后人体有自行修复的功能，但反复损伤极易导致上消化道黏膜恶变。经过调查发现，喜喝烫食者食道癌高发。

莫食汤水泡米饭 这种习惯非常不好。日久天长，还会使自己的消化功能减退，甚至导致胃病。这是因为人体在消化食物中，需咀嚼较长时间，唾液分泌量也较多，这样有利于润滑和吞咽食物。汤与饭混在一起吃，食物在口腔中没有被嚼烂，就与汤一道进了胃里，这不仅使人"食不知味"，而且舌头上的味觉神经没有得到充分刺激，胃和胰脏产生的消化液不多，并且还被汤冲淡，吃下去的食物不能得到很好的消化吸收，时间长了，便会导致胃病。

烹调时"拉郎配"巧补钙

健康提示

许多人需要补钙。其实在我们的饮食当中就存在着大量的钙质，只要我们烹调方法得当，就会获得所需要的钙。烹调方法中，"保钙"的菜肴搭配技巧是荤素混食、豆谷混食。在烹饪时，要尽量去除影响钙吸收利用的因素，以保存更多的钙。从下一次开始，你在做饭时遵循以下"原则"，补钙的效果就显而易见。

健康习惯

1.烹调荤菜时常用醋。糖醋鱼、糖醋排骨等是最利于钙吸收的菜肴。醋是酸味食品，不仅可以去除异味，还能使鱼骨、排骨中的钙溶出。

鱼、排骨中的蛋白质和钙的含量较高，在酸性环境中，钙与蛋白质在一起，最容易被吸收。烹饪时，可用小火长时间焖焖，使鱼、排骨中钙的溶出较为完全。

2.把豆腐和鱼一起炖。鱼肉中含有维生素B，可促进人体对豆腐中钙的吸收，使钙的生物利用率大大提高。

3.西红柿炒鸡蛋、雪里蕻炒黄豆等"补钙"作用也不错。维生素C能促进钙的吸收，而西红柿是富含维生素C的食品，与鸡蛋同炒，西红柿中的维生素C可促进钙的吸收，使钙的吸收率提高。雪里蕻也富含维生素C，与黄豆同食同样可使钙的吸收和利用大的提高。

4.菠菜、苋菜等绿色蔬菜先焯一下。在消化道中，草酸、植酸等容易与钙结合成一种不溶性的化合物，影响钙的吸收。所以，当食物中的草酸、植酸等过高时，不但影响本身钙的吸收，还影响其他食物中钙的吸收。因此，烹调时应尽量除去这些不利于钙吸收的因素。由于草酸易溶于水，可在烹调前，在沸水中把菠菜、苋菜等焯一下，除去草酸后再和豆腐一起炒，这样就不会形成不溶性的草酸钙了。

5.把大米先在温水中浸泡一下，或多做发酵的面食。因为大米和白面中含有很多植酸，可以与钙形成不溶性的植酸钙，影响钙的吸收。为此，可将面粉发酵，或把大米先在温水中浸泡一下，可以去除部分植酸。

6.黄豆发芽后食用。黄豆（大豆）中植酸含量很高，可采用发芽的办法，去掉黄豆中的植酸。同时，黄豆中本不含有的还原性维生素C含量大大增加，可促进钙的吸收和利用。

多吃茄子少患病

健康提示

茄子是餐桌上的常见菜，虽看似普通，它的维生素P的含量之高却是同类蔬菜望尘莫及的，因此经常吃茄子有助于防治许多疾病。

健康习惯

茄子为茄科茄属的一年生草本植物，热带多年生。研究表明，常吃茄子，可防治以下疾病。

1.降低血中胆固醇。茄子纤维中所含的皂草甙，具有降低血中胆固醇的功效。巴西科学家用肥胖兔子做试验。结果显示，食用茄子汁一组的兔子比对照组兔子血内胆固醇含量下降10%。

2.治疗出血性疾病。科学证明，紫茄子富含维生素P，可改善微细血管的脆性，防止小血管出血，因此可对动脉硬化、高血压、咯血、坏血病、紫癜患者具有一定防治作用。

3.治疗内痔出血。茄子具有清热活血、消肿止痛的功效。每天用鲜茄子1~2个，洗净放到碗里，加适量油、盐，放锅中隔水蒸熟服食，连服几天可治疗内痔出血，同时对便秘有一定疗效。

4.预防癌症。茄子内含有成葵素，它可抑制消化道肿瘤细胞的增殖，尤其是对胃癌和直肠癌有抑制作用。部分接受化疗的癌症患者出现发热时，可用茄子煮熟后凉拌吃，具有退热作用。茄子也可作胃癌和胃肠癌的辅助性治疗食物。

每天吃点花生食品

健康提示

花生的营养价值比粮食高，可与鸡蛋、牛奶、肉类相媲美。花生的脂肪含量是大豆的2倍多，所含蛋白质极易被人体吸收，对人有独特的好处，因而有"长生果"的美称。

花生是中国人喜欢的传统食品，因其蛋白质和脂肪的含量比肉、蛋还高，所以有人把花生叫做"素中之荤"或称"植物肉"。花生还具有一定的药用价值和保健功能，被古人称之"长生果"，民谚道："常吃花生能养生"。因此，每日用花生油炒菜和烹饪，不仅能够增强身体器官的机能，延缓人的衰老过程，而且能够在享受美味的同时，调整人的生理和心理状态，释放来自外部的压力和紧张感，并能抗抑郁，换个好心情。

健康习惯

花生营养丰富，含有多种维生素、卵磷脂、蛋白质、棕榈酸等。花生的吃法很多，如生吃、煮熟、爆炒、油炸，但爆炒、油炸对花生中富含的维生素P和其他营养成分破坏很大，且使花生甘平之性变为燥热之性，食后极易生热上火。用油煎、炸或爆炒花生，对花生中富含的维生素E及其他营养成分会有所破坏，而水煮花生则破坏得较小。此外，从口感上，油炸花生米较为油腻，而水煮花生则很清爽。如果从中医角度来讲，花生本身含大量植物油，遇高热烹制，还会使花生甘平之性变为燥热之性，多食、久食易上火。而水煮花生则保留了花生中原有的植物活性化合物，如植物固醇、白藜芦醇、抗氧化剂等，对防止营养不良，预防糖尿病、心血管病、肥胖具有显著作用。

在煮花生时，费水费火常困扰很多人，这里教您个小窍门。煮前先将各种香料放在锅的最下面，然后放洗好的花生，最后要加没过花生一手背深的水，用大火急煮，开锅5分钟后就关火，关火后再焖一个小时就行了。这样不仅省水省火，还能让花生更好地入味。

除了水煮，花生还常与其他菜肴搭配，宫保鸡丁自不必说，眼下正流行的"跳水花生"可谓口味新鲜爽脆。即将新鲜花生仁（剥去红衣）放入泡菜坛中腌片刻，再与辣椒和泡菜汁一同装盘，或者直接将花生仁与醋、小尖椒等调料凉拌，味道也很好。

每周吃几次花生或花生制品，如此简单的饮食习惯，就可以给你的健康多一层保护。

吃粗粮要看人下菜碟

健康提示

现代生活的精细化和精致化，成为诸多营养疾病的诱因。"粗粮"是相对加工比较正规和精细的粮食而言的，主要包括谷类中的玉米、小米、高粱米、燕麦、荞麦、麦麸以及各种干豆类，如黄豆、青豆、赤豆、绿豆等。不可否认，提倡人们适当吃粗粮可以预防疾病。但是，如果摄入过多的粗粮也会对人体健康不利。首先粗粮本身营养价值不高，而且不容易消化，吸收率低；其次，粗粮里富含的食物纤维可影响人体对钙、铁等营养素的吸收。粗粮虽好却不适宜所有人群，一些特殊体质的人就不宜常吃粗粮。

健康习惯

肠功能差的人群 胃肠功能较弱的人群，吃太多食物纤维对胃肠是很大的负担。

缺钙、铁等元素的人群 因为粗粮里含有植酸和食物纤维，会结合形成沉淀，阻碍机体对矿物质的吸收。

患消化系统疾病的人群 如果患有肝硬化食道静脉曲张或是胃溃疡，进食大量粗粮易引起静脉破裂出血和溃疡出血。

免疫力低下的人群 如果长期每天摄入的纤维素超过50克，会使人的蛋白质补充受阻、脂肪利用率降低，造成骨骼、心脏、血液等脏器功能的损害，降低人体的免疫能力。

体力活动比较重的人群 粗粮营养价值低、供能少，对于从事重体力劳动的人而言营养提供不足。

生长发育期青少年 由于生长发育对营养素和能量的特殊需求以及对于激素水平的生理要求，粗粮不仅阻碍胆固醇吸收和其转化成激素，也妨碍营养素的吸收和利用。

因为孩子的消化功能尚未完善，消化大量的食物纤维对于胃肠是很大的负担。而且营养素的吸收和利用率比较低，不利于小孩的生长发育。

常吃医食同源的香椿芽

健康提示

香椿芽既是一种营养滋补品，又是一味良药，有治病强身的效果。《本草纲目》说，椿树的"嫩芽论食，消风祛毒"。现代医学认为其能保肝、健脾、补血、舒筋。另外，香椿树的根、皮有清热解毒、收敛、抑制分泌等功能，可治疗痔疮、便血、肠炎等症；其果，有祛风散寒、止痛的功效，用于治疗外感风寒、胃痛、风湿、关节疼痛等症。所以，民谚里有"常食香椿不染病"之说。

健康习惯

椿芽，指的是乔木椿芽树枝头上生长的嫩枝芽，又叫香椿头、香椿叶，分为紫椿、油椿两种，紫椿质优，是一种木本蔬菜，在我国大江南北均有种植。香椿芽以清明前后采摘的头椿为上品，梗肥质嫩，吃时无渣，香味浓郁，鲜嫩爽口；而谷雨之后采摘椿芽，则椿芽瘦长，味道也差了，即所谓"雨前椿芽嫩如丝，雨后椿芽生木质"。

香椿芽入馔，吃法很多。通常有香椿拌豆腐、香椿炒鸡蛋、盐渍生香椿、油炸香椿鱼，也可将香椿与大米同煮，调以香油、味精、精盐等，香糯可口。还可将香椿和大蒜一起捣烂成糊状，加些香油、酱油、醋、精盐及适量凉开水，作成香椿蒜汁，用其浇拌面条，别具风味。

香椿芽之所以成为餐桌上的美味珍馐，不仅因为它美味可口，还因为它营养十分丰富。据测定，每100克椿芽中含蛋白质9.8克、脂肪0.4克、糖7.2克、热量55千卡、粗纤维1.5克、钙153毫克、磷120毫克、铁3.4毫克、胡萝卜素0.93毫克、维生素C115毫克等营养成分。其中蛋白质、热量、磷、维生素C的含量，在所有树叶蔬菜中名列前茅。人们食用它确实是种享受兼滋补。

吃"油"也得讲科学

健康提示

"油"是人们每日必吃的食物，因此它的用法是否科学对人体健康至关重要，如果使用不当，日积月累甚至可能引发癌症。日前，我国著名心血管专家洪昭光教授针对人们使用食用油对不科学的方法提出了建议。

健康习惯

很多人炒菜时喜欢用高温爆炒，习惯于等到锅里的油冒烟了才炒菜，这种做法是不科学的。高温油不但会破坏食物的营养成分，还会产生一些过氧化物和致癌物质。当油温高达200℃以上时，会产生一种叫做"丙烯醛"的有害气体。它是油烟的主要成分，还会使油产生大量极易致癌的过氧化物。因此，炒菜还是用八成热的油较好。建议先把锅烧热，再倒油，这时就可以炒菜了，不用等到油冒烟。

如果不吃油，就会造成体内维生素及必需脂肪酸的缺乏，影响人体的健康。一味强调只吃植物油，不吃动物油，也是不行的。在一定的剂量下，动物油（饱和脂肪酸）对人体是有益的。

现在，一般家庭还很难做到炒什么菜用什么油，但最好还是几种油交替搭配食用，或一段时间用一种油，下一段时间换另一种油，因为很少有一种油可以解决所有油脂需要的问题。健康专家建议家庭不要长期食用单一油品，油要变换着吃，多食调和油也可解决单一油品营养失衡问题，如脂肪酸比例相对均衡的健康型调和油等，这样才有利于身体健康。

对于血脂不正常的人群或体重不正常的特殊人群来说，我们更强调的是选择植物油中的高单不饱和脂肪酸。在用油的量上，也要有所控制。血脂、体重正常的人总用油量应控制在每天不超过25克，多不饱和脂肪酸和单不饱和脂肪酸基本上各占一半。而老年人、血脂异常的人群、肥胖的人群、肥胖相关疾病的人群或者有肥胖家史的人群，他们每天每人的用油量要更低，甚至要降到20克。

豆腐的最佳"配偶"

健康提示

有营养丰富的食物，却没有十全十美的食物。以豆腐为例，它软软滑滑、入口即化的口感真让人"爱不释口"，营养方面也不落后。豆腐富含优质蛋白、不含胆固醇、钙含量也很丰富。可是，豆腐在营养上也存在一点小缺憾，其中人体必需的氨基酸、硫氨酸含量不足，因此不能被人体完全利用。

健康习惯

豆腐中的氨基酸、硫氨酸含量不足可以通过吃玉米来弥补。玉米中硫氨酸含量丰富，但缺乏豆腐中的赖氨酸和丝氨酸，两者一起吃，营养吸收率可以大大提高。而且，这两种食物在市场上都能轻易买到，大家不妨配在一起吃。最近，德国一项研究表明，在所有主食中，玉米的营养价值最高、保健作用最好。在持续一年的研究中，专家们对玉米、稻米等多种主食进行了营养价值和保健作用的各项指标对比，结果发现：玉米中的维生素含量非常高，为稻米、面粉的5~10倍，还含有7种"抗衰剂"：钙、谷胱甘肽、纤维素、镁、硒、维生素 E 和脂肪酸。因此，用玉米当主食，再加上一道豆腐菜，就是很不错的午餐选择。

除了玉米外，豆腐和鱼、肉、蛋也是好搭档。营养学家研究发现，鱼肉中含有的牛磺酸有降低胆固醇的作用。因此，豆腐和鱼搭配着吃，降低胆固醇的作用大为增强。此外，豆腐和蛋氨酸含量较少，而鱼类含量却非常丰富，两者合起来吃，可以取长补短，相得益彰，营养价值更高。

将豆腐和肉、蛋类食物搭配在一起，可以补充蛋氨酸，从而提高了豆腐中蛋白质的营养利用率。在豆腐中加入各种肉末，或用鸡蛋裹豆腐油煎，便能更充分利用其中所含的丰富蛋白质，提高其营养档次。

豆腐是最平常的家常菜，因此只要你留意搭配一下，营养效果就会事半功倍。

蘑菇是个宝　常吃身体好

健康提示

蘑菇是一种营养丰富、能提高人体免疫力的食物，蘑菇中有大量的有机质、维生素、蛋白质等丰富的营养成分，由于热量很低，因此常吃也不会发胖。鉴于它有很高的医疗保健作用，所以经常食用对人体健康有益。

健康习惯

食用蘑菇分类丰富，且每一种都对人体有不同的保健、防病功效。
鸡腿蘑：降低血糖，调节血脂
鸡腿蘑外形如鸡腿，口感滋味有点像鸡肉，因而得名。

据分析测定，鸡腿蘑蛋白质含量是大米的 3 倍、猪肉的 2.5 倍、牛肉的 1.2 倍、鱼的 0.5 倍、牛奶的 8 倍。鸡腿蘑含有 20 种氨基酸，对体弱或病后需要调养的人十分有益。

另外，鸡腿蘑有调节体内糖代谢、降低血糖的作用，并能调节血脂，对糖尿病人和高血脂患者有保健作用，是糖尿病人的理想食品。中医认为，鸡腿蘑性味甘平，能益胃清神、增进食欲、消食化滞。

口蘑：防止便秘，促进排毒

口蘑味道鲜美，口感细腻软滑，既可炒食，又可焯水凉拌，且形状规整好看，也是人们最喜爱的蘑菇之一。

营养专家说，富含微量元素硒的口蘑是良好的补硒食品，能够防止过氧化物损害机体，降低因缺硒引起的血压升高和血黏度增加，提高人体免疫力。

口蘑还是一种较好的减肥美容食品。它所含的大量植物纤维，具有防止便秘、促进排毒、预防糖尿病及大肠癌、降低胆固醇含量的作用。而且，它还属于低热量食品，吃了以后可以防止发胖。但是，大家在吃的时候也要注意，市场上有泡在液体中的袋装口蘑，食用前一定要多漂洗几遍，以去掉某些化学物质。

松蘑：香味诱人，健胃防癌

松蘑是名贵的野生食用菌，不但香味诱人，而且营养丰富。松蘑中含有多元醇，可医治糖尿病；松蘑内的多糖类物质还可抗肿瘤。因此，它在健胃、抗癌、治糖尿病方面有辅助治疗作用，还有防止过早衰老的功效。如果在家中吃松蘑，最好现买现吃，因为干制品再经水发后，味道会变差，不如鲜品口感好。

养生习惯

给身体注入"润滑剂"

健康提示

人的身体是一个综合体，每个"零部件"都要进行适时地加油、润滑和锻炼，如果你想让自己的身体"运转自如、畅通无阻"，那么，以下的养生习惯则必须形成，而且要常年坚持下去。

健康习惯

有效的深呼吸 闭目直立，尽全力呼出肺部所有的气体，然后缓慢吸气，令其充满你的腹部、胸廓和肩膀，保持这种状态，放松并跳起，就好像木偶的动作一样。当实在坚持不住的时候，深深呼气。如此持续3次，随后正常呼吸并睁开双眼。

促进心理敏感度 平躺，双手并排平放在腹部，心中默数5下，通过鼻子长而慢地吸气，当肺部和腹部被气体充满时，手指随之分开。坚持吸气状态5秒钟，随后通过嘴将气息呼出，如此循环10次。这种传统的放松方式不但对消除腹部赘肉有些许功效，更主要的是能令血液循环自由通畅，安详泰然地为大脑供氧，使思路清晰化。

四肢肌肉锻炼 平躺，双臂及双腿轻轻分开，手心转向天花板，闭眼，做3次深呼吸，全神贯注于每次呼气后完全空瘪的身体。随后从脚趾到头顶，一点点收紧再放松肌肉，仔细地去感受每一个环节。对于肩部和头部肌肉的运动，要用旋转代替收紧。这是一个开发身体柔韧性的有效练习，具有很强的放松性，同时能够缓解紧张的情绪。

关节训练 缓慢地抬起一只脚，轻轻地迈出一步。在这个极其缓慢的动作过程中，去感受脚的运动：从脚跟到脚尖，以及各个关节（脚趾、脚踝、膝盖、胯部、肩部和颈部）之间的不同区别。这组练习可以帮助你开发平时从未关注过的动作，让这些部位变得更加灵活、柔韧。

抬起头走路 将一小袋米或者一本书顶在头上向前走，为保持平衡，可以用手扶着。感受这种垂直中轴线的感觉，并计时。这个练习对脊柱的塑形、改善仪表具有很好的效果。

目聪则神怡 闭目直立，感觉能够看到的最远的地方，轻轻睁开双眼，向闭眼时想象的最远的地方望去。如此反复若干次。同时可配合头部运动，尽量将头前倾再后仰，左右旋转。这样长期坚持可起到拉长颈部的效果。

意识的作用 一边体察呼吸的节奏一边行走，不要考虑去调整它。吸气的时间是否长于呼气的时间呢？中间是否有间歇？呼吸是规律的吗？感觉空气是怎样进入并排出你的身体的。这个简单的意识行为，将逐步帮助你的气息达到最令身体舒适的节奏，提高整个身心的愉悦感。

钢牙铁齿有三招

健康提示

对人们来说，牙齿的健康与否至关重要，切不可掉以轻心。在这里向大家推荐一些牙齿保健的养生习惯。

健康习惯

1摩腰叩齿：

摩腰叩齿养生的具体方法是：精神放松，口唇轻闭，两手掌搓热放在后腰部，上下摩动。同时上下牙齿有规律地叩击运动，手应在最大范围内摩动，摩一次叩动一次牙齿。最好每天进行2～3次的叩齿，每次叩齿36次，叩齿时要稍用力使其发声，这样可以使牙齿坚固、防止脱落，促进气血运行畅通，达到固齿强肾、防病健身的目的。

2排便固齿：

具体做法是：在排解大小便时嘴应闭上，上下牙齿咬紧。排解小便时应咬住前边的牙齿；而排解大便时则应咬住后边的牙齿。因为在排便过程中，用力时容易使牙槽以及牙齿向外移动，久之即可导致牙齿松动。若能坚持在排便过程中咬住牙齿，就可防止牙齿的外移，日常生活中经常注意这一点，就可保持牙齿的坚固，并防止牙齿的骨质疏松。

3擦足心叩齿：

具体做法是：在早晨起床后或临睡觉前，坐于床上，将两足心相对，足跟相接。两手搓热左右交叉，右手在上左手在下，即左手掌放在右足心上，右手掌放在左足心上，向前下方来回搓摩两足心，同时叩动牙齿，叩、搓36次后，再换为左手在上右手在下，同样叩、搓36次。搓摩足心与叩齿上下对应，既有局部作用又有远端效应，起到协同治疗的效果。

叩齿是最简便易行的健身方法。叩齿时，嘴、舌充分活动，血液循环加快，这对延缓面部皮肤衰老大有裨益。另外，在叩齿过程中，口腔唾液增多，我国传统医学认为唾液能滋养五脏六腑，现代医学研究证明，唾液中有许多与生命活动有关的物质，因此，叩齿时产生的唾液不能吐掉，要慢慢咽下。

让嘴成为 "榨汁机"

健康提示

不经过咀嚼的食物，一方面还没浸透唾液，另一方面，胃还没来得及分泌出足够的胃液来消化食物。可是食物既然来了，只有硬着头皮接受了。为了消化还没嚼过或嚼透的食物，可怜的胃不得不分泌出比一般的情况下多得多的含有盐酸和酶的消化液来完成这一艰巨任务。如果日复一日这样工作，胃就会因胃酸过多而得胃炎，之后还有可能得胃溃疡。

健康习惯

如果你不想得胃炎和胃溃疡等疾病，就要勤动上下颌，把食物在嘴里多嚼几下，吞咽不能太快。如果一口饭能嚼50下，嚼到没东西可吞咽的地步，久而久之，形成一种习惯，胃肠道疾病也就不会光顾你。所谓"饭菜嚼成浆，无病身板壮"。

有些人吃饭狼吞虎咽，速度极快，这节省了许多时间，但是食物进入身体之后，胃可就倒霉了，不得不超负荷工作。即使这样，食物还是不能充分被消化，身体吸收不到足够的养分，体质会越来越弱。

经过细嚼的食物，能扩大与肠壁的接触面积，消化也能够充分发挥作用，从而使肠壁广泛地吸收食物中的养分。

细嚼慢咽还可以提前引起胃液和其他消化腺分泌增多，为食物进入胃肠后充分被吸收做好准备，从而减轻胃的负担，胃就能细致地消化食物，把营养输送到身体的各个部位。

实验证明：吃同样的食物，细嚼者和不细嚼者对蛋白质和脂肪的吸收量是不同的。细嚼者对蛋白质和脂肪的吸收量分别为85%和83%，而不细嚼者对蛋白质和脂肪的吸收只有72%和71%。因此为了健康，我们应该养成细嚼慢咽的好习惯。

水的最健康喝法

健康提示

水是生命的基础。正常的细胞中90%是水分，它们以结合水和自由水的形式存在。与细胞内其他物质结合存在的水是结合水，它稳定地成为细胞结构的重要组成成分；绝大多数的水以游离形式存在，叫自由水，它能够维持细胞的膨胀形态，具有溶解和化合的作用。自由水由于其游离态存在，更容易散失，留住它们的方法，或者以屏障的形式做到防御，或者用一种有效的亲水成分令它们成为稳定的结合水。只要角质层的含水量保持在10%～30%，肌肤就可以呈现细腻的状态。

可见，不论是防御还是结合，牢牢地将水分锁在肌肤细胞中，形成肌肤水代谢的良性循环是保湿的根本。

健康习惯

水在人体中既然如此的重要，那么，怎么喝才最科学合理？才能达到健康的目的？换句话说，我们的饮水习惯怎样才能符合人体所需？下面即是答案：

清晨和傍晚，此时是肌肤最需要水分的时候。这时保证喝上500毫升的水，水分吸收效率最高。

每次喝水不能过猛，要一杯一杯分时饮用。一口气灌下去，只能使电解质失去平衡，产生化学反应，头晕眼花，并容易代谢更多的水分。

每天的饮水量为8杯左右。

切记，以上的要求可作为你的饮水习惯的参考。此外，不是所有含有水分的饮料都可以补水，咖啡、茶和酒因为有利尿的作用，只能减少身体的水分。喝100毫升的啤酒，排出量却是120毫升呢。选择有离子元素的硬水喝，更有助于代谢细胞中的废水，保证细胞水分的新鲜啊！

夜幕下听音乐可以提高免疫力

健康提示

随着人们生活习惯的改变，很多人晚上已经没有时间听音乐，绝大多数时间都被电视占用了。有关专家指出，如果在夜间9～11点听一听音乐，可以提高免疫力，对身体好处多多。

健康习惯

夜间9～11点是身体免疫系统调节时间，此时身体需要保持一个良好的平静的状态，任何激烈的活动都会影响到免疫系统的调节。在轻松的状态下，免疫系统可以更好地完善，人的免疫力也会得到提高。音乐释放的β波可以刺激脑垂体，对免疫系统的调节进行一定的促进和干预，所以，晚上听听音乐可以强化免疫力。

美国夏威夷大学吴慎教授指出，古典音乐最能帮助免疫调节。古典音乐属于低音波音乐，可以让心情更加平和，让免疫系统的调节更好地完成。吴教授建议，每天并不一定要听两个小时，只要保持听半个小时以上，就有很好的效果。

看来做到这一点并不难，我们每天晚上在入睡前，听一段抒情的、舒缓的音乐，既愉悦了我们疲惫的神经，又调整了我们的生理状态，我们何乐而不为呢？既然如此，那就从今晚开始吧。

喝出好脸色

健康提示

若想面色好，就要从护理身体入手。从中医角度看，面色能反映出一个人的健康状态。你若有如下的养生意识和习惯，就会有一个令人羡慕的好脸色。

健康习惯

红枣主治脾胃虚弱、血虚萎黄、血小板缺少症等。女性多吃一些红枣，可以气色红润，即使不用化妆品也能晶莹剔透。

木耳是所有蕈类食品中含铁量最高的，黑、白木耳都是多糖类，有一定的抗肿瘤作用，且黑木耳可清肺益气，帮助身体排出纤维。红枣主治脾胃虚弱、血虚萎黄、血小板缺少症等。

如果将红枣、木耳合成一个补血的木耳红枣汤，月经前一个星期到月经结束这段时间每天或隔天食用就可以改变黄脸色，使之红润可爱。

木耳红枣汤简单易做：配料是黑木耳 10 克，红枣 50 克，白糖适量，用适量的水，把黑木耳和红枣煮熟后，加入白糖即可。

擦背好处多

健康提示

不少人都有这样的感觉：洗澡时搓搓背，身体会轻松舒适很多。其实，这可不只是因为清洁了背部的泥垢。有关专家认为，擦背本身就是一种很好的养生保健方法，并且特别适合于体弱多病的人。

健康习惯

擦背动作本身就是活动肩周的过程，所以能起到锻炼肩部关节的作用。此外，擦背还能对神经衰弱、失眠、胃肠功能紊乱引起的便秘，以及高血压、高血脂、冠心病等慢性病起到较好的辅助治疗作用。

擦背简单易行，在家就可以进行。首先要准备一条干毛巾，毛巾尽量粗而柔软。脱去上衣，把毛巾放在后背上，一手在上，一手在下来回拉动，几分钟后，换一下手；还可水平方向来回拉动，直到背部发热为止。一般持续5～10分钟，时间若太短则起不到健身作用。此外，为避免感冒，应将室温控制在20摄氏度以上。

擦背可以每天进行，擦时用力要适度，以舒服为宜，不可擦破皮肤，擦完后如果有劳累的感觉，可用一两分钟晃晃腰、颈，有利于减轻疲劳。

明眸慧眼之道

健康提示

随着科技的发达，操作电脑几乎是现代人生活中不可避免的一部分。有许多人因为工作的关系，整天面对电脑，注视荧屏。长期如此，很容易"累坏"眼睛。因此有必要养成一个保护眼睛的好习惯，使你有一双明亮的眼睛。

如果必须终日面对电脑，怎样才能将损坏眼睛的程度降至最低呢？首先需要了解眼睛受到损害的原因。

工作距离太近或姿势不正确，过于靠近电脑荧光屏，比较容易受到伤害，尤其是使用笔记本电脑时，由于荧光屏过小，导致使用者必须是近距离工作，头部向前倾，颈部肌肉用力，很容易形成工作劳累，加重眼睛的疲劳，使视力受到损害。

有些电脑因为使用时间过久，导致荧屏画质降低，清晰度减退，因此造成阅读上的困难。工作环境中的光线太强或者太弱，导致荧屏与外界产生强烈的反差，容易对眼睛造成刺激。那么如何怎样避免眼睛疲劳呢？自觉地养成以下的有益习惯，可帮助避免眼睛疲劳，保护视力。

健康习惯

将电脑显示终端放置在比您平时习惯阅读距离稍远处。

使电脑显示屏顶端和眼睛处在同一或稍低水平。

使所有相关材料尽可能接近屏幕，以减少头和眼部的移动和聚焦变化。

减少灯光的反射和闪耀。

保持终端屏幕干净无尘。

有规律地安排休息，避免眼疲劳。

每隔一小时至少休息一次，荧光屏在光线之下，不要在黑暗中看电脑。

保持终端屏幕良好聚焦。

某些人平时也许不必戴眼镜，但在用计算机工作时可能需要矫正眼镜。

一般人每分钟眨眼少于5次会使眼睛干燥，而看电脑时眨眼的次数仅相当于平时的1/3，从而减少了眼内润滑剂的分泌。因此此时需要多眨眼。

晒出个好身板

健康提示

维生素可不一定都得要花大钱买，也不是都得靠吃进肚子里才奏效，找个时间到太阳底下站站，十来分钟就可以了，晒晒太阳，就可以让身体自行制造维生素，这可真是够省钱、够方便吧！

光靠太阳就可以制造维生素？没错，人体必须利用紫外线UVB来刺激体内产生维生素D。但可别小看维生素D的功效，最新研究发现，维生素D不但可以降低大肠癌、乳癌、前列腺癌的风险，还能够防止小宝宝的神经短路呢！为什么维生素D可以降低癌症风险呢？这是因为研究人员发现，北方人比南方人更容易罹患特定癌症，深入研究后，发现阳光越少露面的地区，越容易出现癌症罹患率升高的趋势。

因此研究人员推论，阳光帮助人体产生维生素D的效应，可能就是控制身体细胞是否会转变成恶性肿瘤的关卡。根据"美国先进科学协会"学术研讨会的最新研究报告，阳光越充足的地区，当地居民体内的维生素D含量就越充足，如此一来，就可以有效抑制身体细胞转变成癌症的反应。

维生素D与婴儿的神经发育状况又有何关系呢？研究人员特别针对怀孕的母老鼠进行研究，并针对母老鼠怀孕期间的体内维生素D含量进行分析，结果发现，怀孕期间的维生素D含量正常的时候，婴儿老鼠会"头好壮壮"；然而怀孕期间的维他命含量不正常的时候，婴儿老鼠就变成了"阿达一族"。

"国际神经发育科学学会"学术研讨会的最新研究报告指出，老鼠母体维生素D不足会导致出生后的小老鼠脑部发育不正常。基因芯片的分析也显示，因为母体缺乏维生素D而生下的小老鼠，其脑部神经细胞发育异常，将会因此而导致日后的行为、智力、认知、感觉等功能失调。

健康习惯

晒太阳也要适可而止，千万别把自己当做烤箱里的面包，晒得一塌糊涂，这可是会得皮肤癌呢！从现在开始，只要在清晨或傍晚的时候，让自己晒个十来分钟的阳光，顺便趁这个机会散散步、走一走、扭扭腰，不但活动了筋骨，还能够帮助身体制造维生素D，这才是保养身体的省钱之道。想要预防疾病、想要身体健康，那就每天晒晒太阳吧。

赏花治病　锦上添花

健康提示

很多家庭喜欢养花，如果养花时再根据自己的身体条件有所选择，则就是"锦上添花"了。比如有些花卉的根、叶、花、种子都可入药，可以用来泡茶，药用价值很高，长期服用有很好的抗氧化和保健作用。

健康习惯

人参花每年可观赏三季，其根、叶、花、种子都可入药，对强身健体、调理机能有一定作用，比较适合气虚体弱，患有慢性疾病的人种植。

百合花花气清香，它的茎与花朵既可以食用，也能入药，有镇咳、平惊、润肺之功效，适合患有肺结核的人种植。

金银花、小菊花可冲花泡饮，有消热解毒、降压清脑、平肝明目的作用，特别适合患有高血压、利尿不畅的人种植。另外，这两种花可填装在枕头内当枕芯儿。

仙人掌种植方便，不必花费太多时间与精力，其药性寒苦，可舒筋活血、滋补健胃，对动脉硬化、糖尿病、癌症有一定的药理作用。

米兰和茉莉的花叶翠绿、花香袭人，是人们较为喜欢养的花卉，它们可用来泡茶，而且米兰的枝叶可以治跌打损伤，茉莉的花叶入药可治感冒、肠炎等。

顺应生物规律睡眠

健康提示

"健康的体魄来自睡眠"，这是科学家新近提出的观点。美国佛罗里达大学免疫学家贝里·达贝教授的研究小组对睡眠、催眠与人体免疫力进行了一系列研究，并得出结论说："睡眠除了可以消除疲劳，使人体产生新的活力外，还与提高免疫力，抵御疾病的能力有着密切关系。"晚上22时至凌晨4时，是人体细胞坏死与新生最活跃的时间，此时不睡足，细胞新陈代谢就会受到影响，人体就会加速衰老。

健康习惯

长时间晚睡和睡眠不足，即使次日睡足8小时，也难以挽回损失。所以，经常开夜车，或通宵达旦地打牌、看影视节目，这种习惯极为不好，对健康极为不利。

最佳睡眠时间为21、22点到早晨5、6点。因为从科学角度讲，此时正处于生物低潮来临之前（据测定生物低潮出现在晚上22~23点之前）。如果能顺应生物规律，你就能拥有一个高质量的睡眠。据研究材料显示，早晨5~6点是生物律动中的"高潮期"。在这个时候起床最为适宜。这段时间是人们提高学习和工作效率的最佳时间。

每天都吃一点苹果

健康提示

美国康奈尔大学的研究员刘瑞海博士的一项研究发现，苹果中富含的植物化学物质有效预防乳腺癌。研究人员推测，苹果中所含有的抗氧化剂可能具有更多的抗癌功能。

更有趣的是，另一项研究发现，苹果皮也具有良好的抗癌防癌功效，因为苹果皮中含有更多的抗氧化剂，每天吃上一个带皮的苹果，能有效对抗肝癌和结肠癌。

美国明尼苏达大学的另外一项最新研究则证实，多吃苹果能有效预防心脏病、哮喘和糖尿病，还有助于保持呼吸道、尤其是肺部的健康。此外，巴西科学家的一项实验也显示，连续12周每天吃3个苹果，能帮助降低人体血糖，并减掉2.7磅。

健康习惯

从现在开始，把苹果纳入到你的日常食谱中吧。如果你不爱吃苹果，可以在面包或馒头里夹一片苹果；也可以把苹果切成小块，和各种水果拌在一起，再浇上一些酸奶等等，变换一些吃法。总之，形成一种习惯，每天都吃上一点苹果，有益而无害。

让你一天瘦一斤

健康提示

如果你的体重已经超出正常体重很多，减肥便成为了一种生活方式。当你拥有这种生活方式的时候，如何合理安排一天的饮食呢？下面这些最新瘦身研究成果，把它们应用到你每一天的生活当中，你就能让减肥这件事，变得和吃饭睡觉一样自然、简单，变成一种自觉自愿的习惯。

健康习惯

早餐前喝咖啡

美国纳什维尔州范德比尔特大学研究发现，在早餐前30分钟喝一杯咖啡可以有效地控制食欲，让你只吃以往食量的75%就感觉到饱了，并且还能将脂肪燃烧的速度加快5%！这要归功于咖啡中的一种产热物质黄嘌呤，它还可以为你的身体提供足够的热量。

早餐时补充钙质

每天摄入600毫克剂量的钙质（早餐和午餐各300毫克）可以帮助你的身体加快脂肪的消耗。科学家在一次研究中发现，按这种方法进餐的女性，比不摄入钙质的女性多减去22%的体重，脂肪多减去61%，腹部脂肪多减去81%！

多喝一些水

如果你想要在这星期减掉2公斤的体重，则每天喝多少水与你的体重有关系。营养专家建议，每公斤体重你要喝31.3毫升的水。比如，50

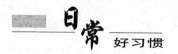

体重公斤的女性，每天就应该喝1.565升水）。水是身体代谢的自动调温器，一旦水分摄入不足，体温就会下降，身体就会开始积存脂肪。

早餐和午餐之间吃些花生

科学家在一次调查中发现，吃花生的减肥者减去的体重是那些不吃花生者的2倍！研究表明，如果每天吃一把花生，热量的摄入就会减少333卡。

中午吃发酵食物

研究人员发现，吃发酵的食物，如馒头、三明治等更不容易感到饥饿，比吃普通食物至少多坚持1小时以上。这是因为食物在发酵过程中，淀粉和糖类被分解成了不容易消化的成分，消化系需要更多的时间来消化它，你也就不易感到饥饿了。

下午来一勺蜂蜜

蜂蜜能够在食用后的20分钟之内将你的血糖调整到正常的水平，并能将这种正常状态稳定地保持2个小时，降低你的饥饿感，并能安抚你的情绪，让你保持心情愉快。

用乌龙茶来放松

养成喝乌龙茶的习惯会让你的新陈代谢系统工作得更快，它会让身体燃烧的热量提高3%，脂肪消耗提高10%。因为这种茶是不含热量、脂肪和钠的，所以想要减肥的你大可放心饮用。

喝黑茶最宜减腹部脂肪

健康提示

黑茶属于后发酵茶，是我国特有的茶类，生产历史悠久，以制成紧压茶饼为主，主要产于湖南、湖北、四川、云南、广西等地。主要品种有湖南黑茶、湖北佬扁茶、四川边茶、广西六堡散茶、云南普洱茶等。其中云南普洱茶古今中外久负盛名。

健康习惯

黑茶采用较粗老的原料，经过杀青、揉捻、渥堆、干燥4个初制工序加工而成。渥堆是决定黑茶品质的关键工序，渥堆时间的长短、程度的轻重，会使成品茶的品质风格有明显差别。如湖北老青茶渥堆，是在杀青后经二揉二炒后进行渥堆，渥堆时将复揉叶堆成小堆，堆紧压实，使其在高温条件下发生生化变化。当堆温达到60度左右时，进行翻堆，里外翻拌均匀，再继续渥堆。渥堆总时间7~8天。当茶堆出现水珠，青草气消失，叶色呈绿或紫铜色，并且均匀一致时，即为适度，再进行翻堆干燥。

黑茶压制成的砖茶、饼茶、沱茶、六堡茶等紧压茶，是少数民族不可缺少的饮料。

饮黑茶可以轻松地减肥，这可不是异想天开。最近在日本的一系列实验结果表明，有些茶可有效防止肥胖。茶中含有大量的食物纤维，而食物纤维不能被消化，停留在腹中的时间长了，就会有饱饱的感觉。更重要的是它还能燃烧脂肪，这一作用的关键在于维生素B_1。茶中富含的维生素B_1，是能将脂肪充分燃烧并转化为热能的必要物质。

喝凉开水健体强身

健康提示

国外许多营养学家经研究后得出结论，补充人们体液的最好健身佳品不是一般人认为的饮料，而是凉开水。开水在有盖的杯子里自然冷却后（20~25摄氏度），水中的氯气比一般自然水减少 $1/2$，而且水表面的张力、水的密度，导电率等理化特性都有所改变，与生物活性胞里的水十分相似，容易渗透细胞膜而被人体吸收，促进新陈代谢，增加血液中血红蛋白的含量，改善免疫功能。凡是经常喝凉开水的人，体内的脱氢酶活性较高，肌肉组织中的乳酸积累减少，不易感到疲劳。不过，饮用的凉开水要新鲜，不能久放，否则易失去生物活性作用，或遭受细菌污染，对人体不但无益，反而有害。

健康习惯

晨起喝一杯凉开水，有健体强身之功效。这是因为人经过一整夜睡眠，胃肠道基本排空，血液的黏稠度增加，因此早晨喝一杯生物活性水——凉开水，能洗刷胃肠，降低血脂黏稠度，有益于维护血液正常循环，从而对体内各器官进行一项"内洗涤"。可预防高血压、脑溢血、脑血栓、心绞痛、心肌梗塞的发生。由于空腹饮用凉开水，降低了胃肠的温度，润湿胃肠，增加胃肠蠕动，有助于消除便秘，并对痔疮肛裂患者，可减少排便时出血和疼痛。

坚持饮凉开水，可使人精神饱满，面色红润，耳聪目明。随着人们生活水平的提高，有人用饮料代替白开水，特别是在夏天，气温增高，用饮料代替凉开水解渴，这对健康不利。因为饮料大都含有较高的糖、糖精、电解质以及色素等，这些物质在胃里停留较久，对胃黏膜会产生不良刺激，妨碍消化和食欲，会增加肾脏过滤的负担，影响肾功能。且过多摄入糖分，会使体内热量过剩，转化为脂肪，引起肥胖。但肝肾功能不良者，不能喝凉开水，以免加重病情。

行为习惯

学学马萨伊人的走法

健康提示

行走对身体有益，这毋庸置疑，但行走的姿势不正确，反而会损害健康。研究人员介绍，由于人行走的姿势不正确，人的脊椎和关节每天遭受的震动高达10000次，很多脚病和腿病由此而生，进而形成恶性循环，你行走的姿势会更加变形，对健康的负面影响更大。

健康习惯

在行走的姿势方面，肯尼亚的马萨伊人是全世界人学习的榜样，因为他们是世界上最擅长行走的人，这不仅仅因为他们超群的行走步数，更重要的是其正确的行走姿势。马萨伊人的脊柱与现在一般人的S形弯曲脊柱有所不同，为直的"一"字形。这是马萨伊人走路姿势既优雅、又挺拔的结果。马萨伊少女每天都要光着脚到5公里外去打水，平均每天行走的步数至少有17000步。由于她们走路姿势正确，所以脊柱笔直，腰身挺拔，形体健美。

据专家分析，马萨伊人的行走姿势非常科学，他们行走的速度很快，但步幅适中。走路时总是挺直腰板，目视前方。每走一步，其身体重心都沿着脚后跟——脚外侧——小脚趾附近——大脚趾顺序移动一次。这与一般人直接用全脚掌着地的走法截然不同，这种姿势最大限度地利用了那些以前被"闲置"的肌肉。马萨伊人的行走姿势可以促进血液循环，对健康十分有益。由于血液循环顺畅，摄氧量增加，心血管中的废物被迅速地排除，呼吸更加通畅，促进了身体的新陈代谢。马萨伊人喜欢行走的习惯和优雅的走路姿势，使他们虽生活在原始状态下，却轻而易举地收获了健康，这不能不说是个奇迹。

因此，按上面的描述，从现在就开始，你的每一步都是马萨伊人的走法，走出潇洒，走出健美，走出健康。

像盖蒂一样戒烟

健康提示

烟民往往都有烟瘾，这主要是尼古丁长期作用的结果。尼古丁就像其他麻醉剂一样，刚开始吸食时并不适应，会引起胸闷、恶心、头晕等不适，但如果吸烟时间久了，血液中的尼古丁达到一定浓度，反复刺激大脑并使各器官产生对尼古丁的依赖性，此时烟瘾就缠身了。若停止吸烟，会暂时出现烦躁、失眠、厌食等所谓的"戒断症状"。下面这个故事也许能帮助你改变不良习惯。

健康习惯

美国石油大亨保罗·盖蒂曾经是个"大烟鬼"，烟抽得很凶。

有一段时期，盖蒂抽烟抽得很凶。一天，他去法国度假的途中，在一个小旅馆投宿。晚上下起了大雨，地面特别泥泞，开了好几个钟头的车之后，盖蒂实在是累极了。吃过晚饭，他就回到自己的房间里，睡着了。但是清晨时分盖蒂突然醒了过来，他很想抽支烟，于是他就打开了灯，很自然的伸手去摸他一般都会放在床头的烟，但是没有。他下了床，到衣服的口袋里去找，也没有。于是他又在行李袋里找，结果他又一次失望了。

显然，若是满足自己的烟瘾，他就需要走进黑暗走进雨中去寻找卖烟的地方。抽烟的欲望不断地折磨着他，于是，他下了床，脱下睡衣，穿好衣服，准备出去。正要伸手拿雨衣的时候，他突然笑了起来，笑自己傻。他突然觉得，自己的行为多荒唐可笑。

盖蒂站在那里，心里不停地想着，一个所谓的知识分子，一个商人，一个认为自己有足够的智慧可以对别人下命令的人，居然在三更半夜要离开舒适的旅馆，冒着大雨走上好几条街去买香烟。

盖蒂也是生平第一次注意到，他现在早就养成了一个坏习惯，那就是为了一个不好的习惯，他可以放弃极大的舒适。看来，这个习惯对他并没有什么好处，于是，他的头脑立刻就清醒了过来，很快他就做出了决定。

他已经决定好了，就走到桌子旁边把那个烟盒团起来扔出去，然后重新换上睡衣，回到舒服的床上。心里怀着一种解脱，甚至是一种胜利的感觉，很满足地关上灯，合上了眼睛。在窗外的雨声里，他进入了一个从来没有过的深沉的睡眠。自从那个晚上之后，他再也没抽过一根烟，也再没有想过要抽烟。

像盖蒂这样烟抽得很凶的"大烟鬼"，能在一夜之间就将烟瘾彻底戒掉，那么其他烟民也应该做到。

会咳嗽能清洁呼吸道

健康提示

一些人经常咳嗽，又不见咳出什么来，却常常咳得脸红脖子粗，这是由于咳嗽习惯不正确造成的。

咳嗽是一种反射动作。当呼吸道黏膜上的感受器受到微生物性、物理性或化学性的刺激时，可引起咳嗽反射。

咳嗽反射是一种防御性反射，它有助于保持呼吸道的清洁和通畅。

如果咳嗽的习惯不正确，既消耗体力，又会引起支气管痉挛和气短症状的加重。因此，掌握正确的咳嗽习惯，才能有效地促进支气管分泌物的排出。

健康习惯

正确的咳嗽习惯是：

1.咳嗽前应先缓慢深吸气，吸气后稍屏气片刻。

2.然后躯干略向前倾，两侧手臂屈曲，平放在两侧胸壁下部，内收并稍加压。

3.咳嗽时腹肌用力收缩，腹壁内陷，一次吸气，可连续咳嗽三声。

4.停止咳嗽并缩唇将剩余气体尽量呼尽。

5.再缓慢吸气或平静呼吸片刻，准备再次咳嗽的动作。

此外，如果深吸气诱发咳嗽，可试着断续分次吸气，争取肺泡内充分充气，以增加咳嗽的效率。在这过程中，还应注意动作的连贯性，一气呵成。同时在咳嗽时，也可叩击前胸壁，或由家属协助叩击后胸壁，振动支气管内的分泌物，以增加咳嗽排痰的力度。

放下二郎腿　健康自然来

健康提示

跷二郎腿是很多人不知不觉的习惯，觉得这样的姿势比较舒服。在许多场合，很多人坐在椅子上会习惯性地跷二郎腿，其实这是一种不健康的行为习惯。因为经常跷二郎腿可影响男性生殖健康，甚至可导致不育症。

健康习惯

像养成跷二郎腿的习惯，对生殖健康很不利。跷二郎腿时，两腿通常会夹得过紧，使大腿内侧及生殖器周围温度升高。对男性来说，这种高温导致阴囊温度升高，使男性生精功能受损，即损伤精子，长期如此，可能影响男性生殖健康，甚至可导致不育。跷二郎腿出汗不宜散热。因此，男性要尽量有意识控制跷二郎腿的习惯，两腿切忌交叉过紧，如果感觉大腿内侧有汗渗出，要及时打开双腿，最好在通风处走一会儿，以尽快散热。长期坐着的人，最好保持正确坐姿，少把腿跷起来。如果一时改不过来，跷腿的时间也不要过长，几分钟便应变换一种坐姿，或一段时间后，站起来走动一下。

此外，跷二郎腿还容易导致腿部静脉曲张或血栓塞。跷二郎腿时，被垫压的膝盖受到压迫，容易影响下肢血液循环。两腿长时间保持一个姿势不动，容易麻木，如果血液循环再受阻，很可能造成腿部静脉曲张或血栓塞。特别是患高血压、糖尿病、心脏病的人，长时间跷二郎腿会使病情加重。因此，当你感到两腿肌肉麻木或酸痛时，应立即将其放平，用双手反复揉搓或拍打，以缓解疲劳，尽快恢复血液通畅。

再一个就是容易导致脊椎变形，引起下背部疼痛。人体正常脊椎从侧面看应呈"S"形，而跷二郎腿时容易弯腰驼背，久而久之，脊椎便形成"C"字形，造成腰椎与胸椎压力分布不均。长此以往，还会压迫到脊神经，引起下背部疼痛。

最后还容易出现骨骼病变或肌肉劳损。跷二郎腿时，骨盆和髋关节由于长期受压，容易酸疼，时间长了可能出现骨骼病变或肌肉劳损。如果感到腰酸背疼，可适当做两分钟伸展或扩胸运动，左右转动颈椎，或靠在椅子上休息一会儿。

多伸伸"懒腰"有益处

健康提示

伸懒腰看似是极不雅观的行为，其实是一种有益的保健方法。所谓伸懒腰，就是指伸直颈部、抬高双臂、呼吸扩胸、伸展腰部、活动关节、松散脊柱的自我锻炼。

唐朝医学家孙思邈说得好："血不运则百病生。"现代医学认为，人体血液循环是靠心脏和肌肉的收缩、舒展来完成的，尤其是离心脏较远的静脉血管，就更要靠肌肉的收缩来加速血液流回心脏。由于伸懒腰时，人体会自然形成双手上举、肋骨上拉、胸腔扩大、深呼吸的姿势，使膈肌活动加强，以此牵动全身，并引发大部分肌肉收缩，遂将淤积血液赶回心脏，从而达到加速血液循环的目的。所以，常伸懒腰的好处很多。

健康习惯

经常伸懒腰，能不断增加大脑的刺激作用，使颈部血管顺畅地把血液输送到脑子里，让大脑得到充足的营养，消除疲劳；能使全身神经、肌肉得以舒展，促进机体平衡；能增加吸氧量，促进机体新陈代谢；能消除腰肌过度紧张，防止腰肌劳损，而且能及时纠正脊柱过度向前弯曲造成驼背，保持健美体形。

伸懒腰是一种简单而易行的活动，它不受时间和空间的限制。伸懒腰增加肌肉本身的血液流动，带走肌肉内的一些废物，从而消除人的疲劳。大家不妨每天多伸几次懒腰，多重复几次，以便使精神振作，血液畅通，从而延年益寿。

便秘，咱就换个姿势

健康提示

便秘的害处很多，多种疾病的产生与便秘有关。与便秘有关的疾病大致有胆结石、肠癌、乳癌、高血压、痔疮、痤疮、头痛、心律不齐、糖尿病等，应该引起重视。

便秘是指便次太少，或排便不畅、费力、困难、粪便干结且量少。正常时，每日便次 1~2 次或 2~3 日一次，但粪便的量和便次常受食物种类以及环境的影响。许多人的排便 3 次/周，严重者长达 2~4 周才排便 1 次。有的每日排便可多次，但排便困难，排便时间每次可长达 30 分钟以上，粪便硬如羊粪，且数量极少。有些人经常发生便秘，特别是体弱多病的人。如果你排便困难，在饮食、运动调节的同时，不妨改改排便习

惯，试试以下几种排便协助法。

健康习惯

双手托下巴法　排便时（无论坐姿或蹲姿），双手捧下巴向上托，不久就有要排便的反应，此时用力，大便随即排出。

大腿互压法　在坐桶上排便，将左大腿压在右大腿上（隔一会儿交换），排便省力又顺利。这样将双腿相互交换着放，治便秘效果好。

咳嗽法　排便时，一边用力一边尽力咳嗽，连咳数声，稍停，大便易于排出。

捶背法　排便前，单手握拳用力捶背数下，坐（蹲）下排便时，再轻轻捶背10余下，大便就容易排出了。如能经常坚持捶背和多饮水，治疗效果更好。

抖上身法　在坐桶上抖动上身，肚子一松一缩地动，用不了多久，大便就会顺利排下。

另外，早晚坚持各做一次扭腰运动，反复转动，每次做5~10分钟，即可促使肠道蠕动加快，起到促进排便的作用。

习惯贵在养成，贵在坚持，相信经过一段时间后，你的便秘症状就会有所改善。

"坐"也有讲究

健康提示

对于整日"坐"在教室的学生来说，要说"不会坐"简直有点令人发笑。但其实并不是每个人都能掌握坐姿的奥妙。什么样的人该怎坐，坐姿保持如何的状态最佳，这些可都是有讲究的。在学习中你只要养成以下习惯，就可达到预防颈、背痛的目的：一是保持良好的坐姿，二是进行正确的椅上动作。

健康习惯

正确的椅上动作为：首先，不要一种姿势久坐不变，而应在2~3种安全的坐姿中不断变换。其次，在座椅上弯腰拾物时，应先将臀部前移至椅沿，一脚前移，一手撑在桌面，然后弯腰。第三，转身拿东西时，整个身体应一同旋转。第四，打电话时，切勿用头和肩夹持话筒，而应以拿话筒一侧上肢的肘部支撑在桌面上，以保持头颈部处于中立、放松位。

舒服坐姿未必好，并不是自己感到舒服的坐姿就是好坐姿。正确的坐姿应是上身挺直、收腹、下颌微收，两下肢并拢。如有可能，应使膝关节略高出髋部。如坐在有靠背的椅子上，则应在上述姿势的基础上尽量将腰背紧贴椅背，这样腰骶部的肌肉不会疲劳。久坐之后，应活动一下，松弛下肢肌肉。

嚼口香糖可嚼少皱纹

健康提示

有关专家指出，咀嚼运动是一种常用的美容方法。这是因为，牙齿在咀嚼东西的时候用力较大，使咀嚼肌剧烈地收缩，面部肌肉也紧张地活动。这些部位的肌肉得到锻炼，肌纤维增粗，逐渐发达起来，面部就显得饱满，皮肤也更为"紧凑"了。同时，经常咀嚼东西可以促进血液

循环。循环好了，皮肤的营养供给自然也就好了，面色也愈发红润起来。

健康习惯

美国洛杉矶面部神经医学中心主任福克斯博士经过临床试验证实，每天咀嚼口香糖15~20分钟的人，几个星期后面部皱纹开始减少，面色也变得更加红润。在日常生活中，咀嚼甘蔗、面筋等，也会起到同样的作用。

有些人爱用一侧牙齿咀嚼，经常嚼东西的一侧脸面显得饱满，另外那侧脸面肌得不到活动，时间长了就会萎缩退化，形成凹瘪，结果造成两侧脸颊大小不一样，影响美观。因此，你不妨揣上几块口香糖，没事儿的时候嚼一嚼，既清洁了口腔，又减少了皱纹，两全其美。

擤鼻涕也得按"规矩"

健康提示

擤鼻涕大家都会，有的人常常用两个手指捏住两侧鼻孔，用力将鼻涕擤出，其实这种方法是错误的，也是很危险的。我们每天用鼻子呼吸，空气中含有许多灰尘、细菌和病毒等物质，如果被吸入肺中，是非常有害的。鼻腔起了一个清洁、过滤的作用，因而鼻涕中含有大量病毒和细菌。如果把两侧鼻孔都捏住，则会使鼻涕向鼻后孔挤出，到达咽鼓管或进入鼻旁窦各腔而引发中耳炎或鼻窦炎。另外，如果鼻涕向后吸，会咽入腹中刺激胃黏膜，影响消化功能，从而出现恶心、呕吐等症状。

据"美国微生物学会"学术研讨会的最新研究报告，美国及丹麦研究人员针对14个感冒病人进行研究，以了解擤鼻涕的时候，鼻部会发生哪些变化。结果显示，咳嗽和打喷嚏不会使鼻膜黏液跑到鼻窦中，但是擤鼻涕却会使鼻膜黏液充满鼻窦，使得鼻窦变成病原菌滋生的温床。

在生活过程中经常会听到有的朋友谈到擤鼻涕后出现耳朵发塞声，听力下降，这是怎么回事呢？耳鼻喉科方面的专家会告诉你，是你擤鼻涕的方法不正确造成的。那么怎样擤鼻涕的方法才正确呢？下面告诉你正确的方法：

健康习惯

人擤鼻涕时，是靠强的呼气力量将鼻涕赶出来。由于前鼻孔小，后鼻孔大，当过分用力并且捏紧双侧鼻孔擤鼻涕时，由于全部鼻涕不能由较小的前鼻孔流出，在压力的作用下，部分分泌物通过鼻咽部咽鼓管开口，进入咽鼓管（正常情况下咽鼓管是闭合的）。由于分泌物的进入会出现耳内闭胀感，耳朵听不清声音，以及耳鸣。因鼻涕中含有大量细菌，可引起逆行性感染造成中耳炎，特别是儿童的咽鼓管比较平直，有的家长把儿童的两个鼻孔同时捏住擤鼻，容易使分泌物进入咽鼓管引起中耳炎。

正确的擤鼻涕方法是：1.用手指压住一侧鼻孔，用另一侧将鼻涕向外擤出，然后用相同的方法，再擤另一侧。2.将纸巾或手帕放在鼻孔下，两手轻放于鼻翼两侧，稍用力将鼻涕擤出。3.用倒吸的方法，通过鼻子抽吸，将鼻涕从后鼻孔排出，然后再经咽部咯出。无论用什么方法，均不可用力过猛。对于鼻涕较多、脓稠、不易擤出者，建议到耳鼻喉科就诊，加用药物治疗及机洗鼻效果会更好，加快疾病的痊愈。

正确摆放可预防"鼠标手"

健康提示

随着电脑的普及，越来越多的人开始抱怨手腕生疼，肩膀发麻，手指的关节不灵活……其实，伤害我们的"杀手"就在身边——鼠标。鼠标使用不当，可以使你患上很严重的指关节疾病，这种不同于传统手部损伤的症状被称为"鼠标手"。

鼠标比键盘更易伤害手。"鼠标手"早期的表现为：手指和腕关节疲怠麻木，有的关节活动时还会发出轻微的响声，类似于平常所说的"缩窄性腱鞘炎"、"腕管综合征"症状，但其累及的关节比腱鞘炎要多。外科专家认为，鼠标比键盘更容易对手造成伤害，而这种疾病多见于女性，其发病率是男性的3倍。

"鼠标手"只是局部症状，如果鼠标位置不够合理，太高、太低或者太远，都可能继发产生颈肩腕综合征。

健康习惯

鼠标放在桌面上有害健康，医生发现，鼠标的位置越高，对手腕的损伤越大；鼠标距身体越远，对肩的损伤越大。因此，鼠标应该放在一个稍低位置，这个位置相当于在坐姿的情况下，上臂与地面垂直时肘部的高度。键盘的位置也应该和这个差不多。很多电脑桌都没有鼠标的专用位置，这样把鼠标放在桌面上长期工作，对人的损害不言而喻。

鼠标和身体的距离也会因为鼠标放在桌上而拉大，这方面的受力长期由肩肘负担，也是导致颈肩腕综合征的原因之一。上臂和前身夹角保持45度以下的时候，身体和鼠标的距离比较合适；如太远了，前臂将带着上臂和肩一同前倾，会造成关节、肌肉的持续紧张。

升高转椅也可防"鼠标手"。如果调节鼠标位置很困难，可以把键盘和鼠标都放到桌面上，然后把转椅升高。桌面相对降低，也就缩短了身体和桌面之间的距离。

科学地放置鼠标，会大大降低"鼠标手"的发病几率，常用电脑的人都不应忽视这个问题。

走路"扭胯"让你更男人

健康提示

为了强肾，男性对于各种各样的健肾秘方无一不是高度关注，本来是时装模特的专利——摆臀扭胯的"猫步"，也被开发成增强性功能作用的"壮阳步"。

模特在T型台上的"猫步"，其特点是双脚脚掌呈"1"字形走在一条线上。有关专家介绍说，走"猫步"的时候，除了能增强体质，缓解心理压力外，由于姿势上形成了一定幅度的扭胯，这对人体会阴部能起到一定程度的挤压和按摩的作用。

人体会阴部有个会阴穴，中医认为，会阴穴属任脉，是任、督二脉的交汇之点。按压此穴不仅有利于泌尿系统的保健，而且有利于整个机体的祛病强身。

健康习惯

专家建议，男性每天抽出一定时间走走"猫步"，能补肾填精，增强性功能。而且，扭胯不但可以使阴部肌肉保持张力，还能改善盆腔的血液循环，对男性来说，能预防和减轻前列腺炎的症状，而女性则可以减轻盆腔的充血，缓解腹部下坠和疼痛感。

如果人前扭胯你觉得不成体统，可在行夜路或无人之处完成此举。

正确骑车　健康多多

健康提示

健身专家说骑车是休闲锻炼的好方法，能消耗摄入的过多热量。不过，骑车习惯不当也可诱发疾病，乃至导致性功能障碍的发生。

有研究抽取骑车与不骑车的两组数据进行比较，结果表明，在排除年龄、吸烟、抑郁、慢性疾病、体力状况等因素之后，每周骑车超过3小时是性功能障碍的独立的危险因子，若少于3小时则与性功能障碍无关，原因可能是适度骑车运动锻炼了心血管，从而保护了勃起功能。

健康习惯

要避免狭小车座对会阴组织的压迫，最简单的方法，就是将车座头往下斜一些。有研究表明，车座前端向下倾斜10度，前端的压力将比水平时减少44%，这样男性会阴部承受的压力就会大幅减小。此外，要尽量控制骑车时间，应做到骑1小时，推行10分钟。

骑车时，上身最好与车座垂直，不要往前倾，如果骑车时身体与车座保持90度，那么阴茎血氧分压将增加40%。同时，购买车座时，最好挑选充填凝胶样物质的，而不是充填泡沫海绵类物质的，因为凝胶样物质的车座能有效地分散对会阴的压力，减轻对阴茎血管和神经的压迫，这对减小会阴部压力也有好处。

目前有一款新研制出的车座，大致呈"U"字形，其特点为前端向下倾斜60度，像鹰嘴一样，以减少对阴茎的压迫；后部中间是狭长空隙，会阴部和尾骨不与车座发生接触，避免受到压迫；左右两翼独特地分散了臀部肌肉、坐骨结节和相关肌肉的压力，从而保证会阴不受外来压力。

此外，每隔一段时间就应调整一下车座，以防止在人体的压力下它重新上倾。

与宠物亲密有间

健康提示

在宠物带给我们欢乐的同时，一些疾病隐患或者直接的侵害也随之而来，而且人类因宠物而引起的传染病越来越多，所以，大家在感受饲养宠物的欢乐时，首先还是要把健康放在第一，养成和宠物亲密有间的良好习惯。

健康习惯

很多人把宠物当成家庭一员，同吃、同睡、同浴。然而，在享受了与宠物的"亲密接触"后，却很少有人能真正把宠物与自身健康联系起来。宠物迷或经常接触猫狗动物的人，要特别注意动物身上发生的生理变化，谨防与动物过分亲密接触。尤其对于那些放养的动物，更要提醒家人尤其是儿童不要太过靠近它们，更不要去挑逗它们，以避免引发不必要的伤害。饲养宠物时，一定要知晓以下几种病：

1.弓形体病　这是一种人畜共患的传染病，而在宠物中，猫是最易患弓形体病的。一般染上此病没有什么反应，尽管有的人会出现乏力、肌肉酸痛、发热、黄疸等症状，但在几天内也会自行消失。可是，此病对孕妇却会造成流产、早产、死产，胎儿脑小畸形、眼小畸形等严重后果。因此，在日常生活中，最好不要让猫舔自己的手和五官，也不要让猫舔饭碗、菜碟等餐具，更不能与猫同居一室或同睡，以防无意中染上弓形体病。

2.狂犬病　狗是狂犬病毒的携带者，一旦被狗咬伤或抓伤，病毒就会从伤口侵入人体，并传到中枢神经系统，发病后会出现极度兴奋、恐慌、流涎、呼吸困难等症状，最后导致瘫痪、呼吸衰竭而死亡。目前对狂犬病还没有特效的治疗办法。因此，在生活中，要尽量避免被狗咬伤或抓伤，万一被狗致伤以后，也应立即到医院进行处理，以免出现意外。

3.防破伤风　被任何动物咬伤后，都会有感染破伤风的危险，因此，整日与宠物为伴的人应有足够的警惕性。

4.猫抓热　猫抓热是一种被猫抓破皮肤后的传染病，其症状就是发烧，抓破处起紫红色疙瘩，然后变成小脓疱，脓疱破后变成小溃疡。因此，一旦被猫抓破皮肤就应及时到医院进行处理。

5.猫癣　与猫共同生活，就会有感染猫癣的危险。因此，在保持宠物卫生的同时，每个人还得有一定的防备。

静坐，可拂去心灵之尘

健康提示

静坐是一种流行且易学的放松法，很多研究也指出，静坐者的心理健康程度都优于非经常静坐者。静坐除了可以减低焦虑之外，也会增加自己的内控程度，促进自我实现，改进睡眠状况，而且在面对压力时，有更多的正向感受。因此可以减少头痛、抽烟、药物的使用，以及害怕和恐惧的程度。所以，你每天应该抽出一定时间静坐，当成一项必做的功课，在喧嚣的尘世中寻找一片净土。

健康习惯

对初学者而言，当找到安静、舒适的地方之后，必须再找一张适合的椅子。因为静坐不同于睡觉，它们会产生不同的生理反应，但为了防止睡着，最好找一张直背的椅子，它可以帮助你把腰挺直，并支撑住背部及头部。

接着坐上椅子让屁股顶着椅背，双脚略为前伸，超过膝盖，双手放在扶手或膝盖上，尽量让自己的肌肉放松。闭上双眼，当吸气时，在心中默念着"1"，吐气时则默念着"2"，不要故意去控制或改变呼吸频率，要很规律地吸气、吐气，如此持续20分钟。通常，在静坐过程中不会有什么问题产生，但若感到不舒服或头昏眼花，或者有幻觉的干扰，只要睁开双眼，停止静坐就可以了。不过，这些情况是很少发生的。

除了上面的引导外，还有下列静坐时要注意的事项。

1. 有时你会想到很多杂事无法长久专心注意呼吸，这现象是正常的。当你知道自己分心时，不要认为自己做错事，只要恢复到吸气时默念着"1"、呼气时默念着"2"的状态就可以了。

2. 很多人都急着想要赶快结束这20分钟的静坐，或者还在静坐中计划或思考问题。因为工作很忙，很多事情要解决，但是这些问题并不会跑掉，等你静坐完毕再去解决。在静坐时，请尽量放轻松，忘了它们吧！好好享受这片刻的轻松感觉，或许，在你静坐完，再去面对这些问题时，会觉得压力已减轻许多了。

3. 不要在饭后静坐，因为在吃完东西之后，会有很多血液流往胃部。而静坐则是希望血液能在全身流动，遍布手足四肢，因此饭后静坐血液的循环差，难达到放松效果。

4. 最后，当你静坐完毕时，要让你的身体慢慢恢复正常的状况。先慢慢地睁开你的眼睛，看房间中的某个固定点，再慢慢地看其他地方。然后做几个呼吸，伸伸腰，站起来后再伸个腰。不要匆忙地站起来，否则可能会觉得疲倦，或有不放松的感觉。

怎样才能养成文明礼貌的好习惯

健康提示

中国素以"礼仪之邦"著称于世，中华民族历来十分注重文明礼貌。礼貌看来是种外在行为的表现，实际上反映着人的内心修养，体现一个人自尊和尊重他人的意识。在日常生活中，我们要经常使用文明礼貌用语，如"您好"、"请"、"谢谢"、"对不起"、"请原谅"。注意自己的文明举止，见人要热情打招呼，别人问话要学会倾听，并有礼貌的回答，保持服装整洁，站有站相，坐有坐姿。

健康习惯

可以毫不夸张地说，生活中最主要的是文明礼貌，它比最高的智慧、一切的学识都重要。我们共同生活在社会主义的大家庭中，文明礼貌地处事待人，是我们每个青少年成长过程中必修的一课。因此，我们一定要养成讲文明礼貌的好习惯。

为了做一个讲文明礼貌的公民，我们要养成哪些习惯呢？比如说，你在公共汽车上，不小心踩了别人的脚，请先说声"对不起"；别人帮你做了事，要对别人道一声"谢谢"；在校内外，见到老师要热情打招呼问好；吃饭时，要把最舒适的座位让给长者，等等，这些都是讲文明礼貌的起码要求，有了这些习惯，才算具备了文明人的基本素质。但这些习惯不是天生就有的，需要逐渐养成。

那么怎样才能养成讲文明礼貌的习惯呢？首先要重视自身的道德修养。一个人的思想、行为，对别人、对社会是有益还是有害，要有一个衡量的准则，我们通常把这种衡量和指导人们思想、行为的准则，叫做道德。而礼貌与道德是互为表里的。礼貌是道德的外衣，道德是礼貌的内涵，因此，我们要认清哪些是我们应该做的，哪些是我们不应该做的，以此来规范我们的行为。其次，采取一些有效措施来培养习惯。比如，在生活中我们常常看到在放置着"不准践踏草地"、"请您足下留情"告示牌的公园里、绿化带中，照样有人践踏青草。光靠布置告示来提醒，对有些人看来是无效了，他们对这些告示倒不一定是故意违反，因此，在没有养成好的习惯的时候，采取一些强制手段也是十分必要的。我们是21世纪建设祖国的主力军，共同担负着创造物质文明的重要使命，更担负着创造精神文明的神圣职责。让我们从身边做起，做一个文明人，心中牢记文明礼貌。

尊老爱幼是我们的传统美德

健康提示

"老吾老以及人之老，幼吾幼以及人之幼。"尊老爱幼是中华民族的传统美德。然而，在当代社会日益发展的今天，这种精华的传统美德似乎被人们所遗忘，很多青少年都没有意识到应该感恩父母，感恩社会。正因为社会在发展，我们的这种中华民族的传统美德才更不能失去。这应该引起我们关注。

健康习惯

"子女对父母有赡养扶助的义务。"人人都会老，这是不可抗拒的大自然的规律。今日的老人就是明天的自己。所以作为子女必须要孝顺父母。相传有对夫妇虐待老人，用破木碗盛饭给老人吃。老人去世后，他的孙子不让扔掉破木碗，说是要把破木碗留给虐待爷爷的双亲使用。可见，不尊敬老人，只会搬起石头砸自己的脚；尊敬老人，就是尊敬自己。历史发展到今天，继承并发扬了传统美德的中国人，比祖先更加懂得如何敬重当今的老人。光是老有所养、老有所医早已满足不了精神生活和物质生活比古人丰富的多的今日老年人的需要。因此，"老有所为，老有所学，老有所乐"的问题被提出来了。

儿童是未来的希望，爱护儿童就是创造未来；加上儿童天真无邪，稚气有趣，似乎爱护儿童不成问题，然而不尽如此，它至少存在以下两个问题：首先是如何关爱的问题，当代中国家庭，往往是祖辈、父辈两代四人共同宠爱着一个小宝贝，于是造就了一些四肢不勤，五谷不分，饭来张口，衣来伸手的"小皇帝"，这些人一旦遇到家庭变故，则无法自立于社会；而且溺爱和宠爱养成了一些少年儿童乃至青年学生以自我为中心的性格，更有甚者滋长了"宁可我负天下人，不可天下人负我"的思想，以致走上犯罪的道路。因此，家长们要懂得，溺爱决非关爱，真正的爱应该关心孩子的思想品德教育，采用行之有效的教育方法，培养他们热爱国家、热爱人民、热爱劳动、热爱科学、热爱社会主义的高尚品德。否则，你的溺爱将断送孩子的前程。作为孩子，也应深明道理，拒绝溺爱，欢迎关爱；不要把家长的谆谆教导当作耳边风，甚至对家长的严格教养产生逆反心理。

青少年应善于发现生活中的闪光处，以及自己人性的闪光点，从而主动地提升自己的道德行为，以拥有文明礼貌为自豪。拥有一个好的品德，就会形成好的效应，学会尊老爱幼后，也就学会了尊师团结同学，爱校爱集体爱国家，所以培养自己良好的道德行为，应从平凡的小事做起。

做一个十全十美的人

健康提示

良好的生活习惯就是从点点滴滴的生活小事做起，严格要求自己，努力加强自我身心修养。一个良好的生活习惯有利于身心健康，有利于培养高雅的心灵品格和严谨的生活作风，能使自己在人际交往中更加自在、得体大方，更加自信、如鱼得水。有一个良好的身心感觉，就会更加朝气蓬勃；同时严谨的生活作风又能养成严谨的思维习惯，使自己在处理工作事业和人生重大问题时不至于因为粗心散漫而犯大错。

健康习惯

1. 守时——买个闹钟，以便按时叫醒你。贪睡和不守时，都将成为你工作和事业上的绊脚石，任何时候都一样。不仅要学会准时，更要学会提前。就如你坐车去某地，沿途的风景很美，你忍不住下车看一看，后来虽然你还是赶到了某地，却不是准时到达。"闹钟"只是一种简单的标志和提示，真正灵活、实用的时间，掌握在每个人的心中。

2. 不要扭扭捏捏——如果你不喜欢现在的工作，要么辞职不干，要么就闭嘴不言。初出茅庐，往往眼高手低，心高气傲，大事做不了，小事不愿做。不要养成挑三拣四的习惯。不要雨天烦打伞，不带伞又怕淋雨，处处表现出不满的情绪。记住，不做则已，要做就要做好。

3. 享受孤独——每个人都有孤独的时候。要学会享受孤独，这样才会成熟起来。年轻人嘻嘻哈哈、打打闹闹惯了，到了一个陌生的环境，面对形形色色的人和事，一下子不知所措起来，有时连一个可以倾心说话的地方也没有。这时，千万别浮躁，学会静心，学会享受孤独。在孤独中思考，在思考中成熟，在成熟中升华。不要因为寂寞而乱了方寸，而去做无聊无益的事情，白白浪费了宝贵的时间。

4. 要着眼未来——走运时要做好倒霉的准备。有一天，一只狐狸走到一个葡萄园外，看见里面水灵灵的葡萄垂涎欲滴。可是外面有栅栏挡着，无法进去。于是它一狠心绝食三日，减肥之后，终于钻进葡萄园内饱餐一顿。当它心满意足地想离开葡萄园时，发觉自己吃得太饱，怎么也钻不出栅栏了。相信任何人都不愿做这样的狐狸。退路同样重要。饱带干粮，晴带雨伞，点滴积累，水到渠成。有的东西今天似乎一文不值，但有朝一日也许就会身价百倍。

5. 学会坚强——不要像玻璃那样脆弱。有的人眼睛总盯着自己，所以长不高看不远；总是喜欢怨天尤人，也使别人无比厌烦。没有苦中苦，哪来甜中甜？不要像玻璃那样脆弱，而应像水晶一样透明，太阳一样辉煌，腊梅一样坚强。既然睁开眼睛享受风的清凉，就不要埋怨风中细小的沙粒。

6. 管住自己的嘴巴——不要谈论自己，更不要议论别人。谈论自己往往会自大虚伪，在名不副实中失去自己。议论别人往往陷入鸡毛蒜皮的是非口舌中纠缠不清。每天下班后和你的那些同事朋友喝酒聊天可不是件好事，因为，这中间往往会把议论同事、朋友当做话题。背后议论人总是不好的，尤其是议论别人的短处，这些会降低你的人格。

7. 把握机遇——机会从不会"失掉"，你失掉了，自有别人会得到。不要凡事在天，守株待兔，更不要寄希望于"机会"。机会只不过是相对于充分准备而又善于创造机会的人而言的。也许，你正为失去一个机会而懊悔、埋怨的时候，机会正被你对面那个同样的"倒霉鬼"给抓住了。没有机会，就要创造机会，有了机会，就要巧妙地抓住。

8. 学会与人沟通——若电话老是不响，你该打出去。很多时候，电话会给你带来意想不到的收获，它不是花瓶，仅仅成为一种摆设。交了新朋友，别忘了老朋友，朋友多了路好走。交际的一大诀窍就是主动。好的人缘好的口碑，往往助你的事业更上一个台阶。

卫生习惯

洗衣机也应定期"搓澡"

健康提示

表面看来非常干净的洗衣机内部其实隐藏了大量的病菌。调查显示，使用一年以上的洗衣机槽内存在着深红酵母、绿脓杆菌、指甲隐球菌等大量病菌。

有关部门在对使用一年以上的家用全自动涡轮洗衣机的随机抽查中发现，洗衣机污染状况比较严重，细菌超标率为81.3%，霉菌检出率为60.2%，总大肠菌群检出率高达100%，以上3个指标同时超标的洗衣机占54.7%，而且洗衣机使用时间越长，内部细菌滋生得就越多，对衣物的污染就越厉害。专家指出，洗衣机槽内的病菌平时可作为条件致病菌与人体长期共存，一旦人体抵抗力下降，或者本身免疫力较差的人，就有可能引发相关疾病。如长期使用被污染的洗衣机洗衣服，就可能产生交叉感染，引发各种皮肤病。

有关专家指出，由于洗衣机结构的原因，通常情况下洗衣机槽的污染情况使用者是看不到的，除非是将洗衣机拆开。因此，目前国外家庭普遍使用洗衣机槽专用清洁剂定期清洗洗衣机槽，以防止内部霉菌滋生，但该方法在国内还没有普及。

有关专家还指出，在调查过程中发现，相当数量的家庭将洗衣机摆放在通风不佳的地方或潮湿的卫生间内，环境湿度较高，这会更加促使洗衣机内微生物的大量繁殖。

健康习惯

鉴于洗衣机普遍存在严重污染的情况，专家建议，洗衣机槽要3个月清洗一次，南方的梅雨季节可以缩短为2个月清洗一次，清洗时最好用专业的洗衣机槽清洁剂。此外，要养成正确使用洗衣机的习惯，每次洗涤完衣物后，不要马上关闭洗衣机盖，将其打开2~3个小时，让洗衣机通风除湿；洗衣机尽可能摆放在比较通风和有阳光的地方。

男性也要常洗下身

健康提示

男性应养成在睡前用温水洗下身的好习惯，注意不要用太热的水洗。可不要小看洗下身这件事，不要流于形式，否则有可能事倍功半，甚至适得其反。如有些人图省事，用洗脚水凑合一洗完事，殊不知会把脚癣的霉菌传染到会阴部，形成股癣。

由于女性阴道分泌物多，擦洗下身似乎是必不可少的事，已养成习惯。而男性却很少有洗下身的习惯。阴囊、阴茎皮肤皱褶多，汗腺多，分泌力强，尤其是通风不畅，穿化纤内衣裤会使通风情况变得更糟，于是大量汗液、残留的尿液、未擦净的粪便渣、夫妻同房后留下的女性性分泌液和精液等均会污染到整个的阴茎、阴囊和会阴区。这种条件非常有利于细菌等微生物的繁殖，如果不洗干净，不但会有臭味，也不利于皮肤的保健。随着年龄的增长皮肤变薄，抵抗力下降，不仅会阴部，而且两侧大腿也可能出现糜烂现象。还有可能引起男性本身的局部病变，

如阴茎癌、阴囊炎、股癣等。在性交时，若把这些不洁物质和微生物带入女性阴道内，就会影响女性阴道的清洁度，甚至造成感染。

健康习惯

清洗顺序一般是先洗生殖器官，再洗肛门，洗过肛门后就不得再用同一盆水重新洗生殖器官了。擦干的顺序与上面讲的一样，要单独准备一块毛巾，不要和洗脚毛巾混用。擦完后用干净水洗净毛巾晾干。

冬天气候寒冷时，睡觉前用温热水洗下身，再配合用热毛巾摩擦会阴区，还可促进全身血液循环，既有催眠作用，又能健身防病。对失眠、性机能衰退性阳痿、痔疮等还有显著疗效，这些方法简便易行，不妨一试。

卫生间要名副其实

健康提示

美国著名癌症学家曼高斯医生指出："现代家庭的许多卫生用品应该令人警惕，因为它们含有致癌化学物！"

健康习惯

被曼高斯博士列举的首先是人们天天离不开的卫生纸。他说，卫生纸多为再生纸，为了美化外观，多数卫生纸添加了染料，包括荧光增白剂或滑石粉。颜色越白的卫生纸，可能加有更多的荧光增白剂或滑石粉。而这些添加剂多含有化合物苯；有些质量欠佳的卫生纸，还含有甲醛、大肠杆菌、肝炎病毒等。这些物质长期与皮肤接触可能引发白血病和癌症。因此在购买卫生纸时，一定要选用品质可靠、未经漂白的卫生纸，用纸后再用温水冲洗更佳。

多数家庭都使用消毒水等清洁用品，并常常放置在居室角落或卫生间。它们蒸发后，往往会积聚大量有害气体。在浴室热水沐浴时，其产生的毒性就更强。某些消毒水还含二氯苯，会刺激呼吸道，使细胞变异而诱发白血病、肺癌等。所以这些卫生用品不要堆放在墙角或卫生间里，放在通风较好的晾台比较合适，密封为好。

家里的卫生间，还会放一个塑料纸篓。专家说，厕所里放纸篓会大大增加细菌繁殖的速度，使卫生间变成病毒繁殖场和传染源。他们认为一般的纸质物品，扔进抽水马桶随水冲掉即可；那些难以冲掉的卫生用品，可自备方便袋，将其带出厕所扔进垃圾桶，这样使卫生间既整洁又减少污染，完全无需在厕所摆放废纸篓。另外如厕时间越短越好，喜欢在此看书读报的人，应该改掉这个毛病。

其实许多卫生习惯随手可做，关键还要思想重视，唯有如此，才能把它变成现实，并持久下去。

做饭时不能忽视细节

健康提示

在餐馆吃饭没有在家吃饭卫生，很多人都认同。但是，在家做饭就能一劳永逸解决饮食安全的问题吗？事实上，美国疾病预防控制中心的最新研究表明，近25%的饮食疾病都是因为吃了自家做的饭菜而引起的。以下烹调误区是你在烹调中应该尽量避免的。

健康习惯

边拧阀门边做菜 大多数人都是一边拧开液化气罐的阀门，一边忙着做菜，根本没有考虑到为液化气罐的阀门清洁一下。正确的做法是：选一块手帕大小的厚布罩在液化气罐的阀门上，并定期更换或清洗消毒罩布，这样在做菜时手就不会直接触摸到气罐阀门。

餐具随意搁置 不少人在做菜做饭时习惯将餐具随意搁置，比如：将锅铲、饭勺的整个把柄盖入锅内，热水瓶塞随手乱丢等，这些不卫生的习惯，给细菌的浸染、滋生创造了条件。

刀板拿来就用 菜板、菜刀每天需要暴晒、洗烫。然而，生活中有的人只用抹布一抹了事，这样做很不卫生。

餐具买回即用 碗、碟、筷等餐具，一般都是经过多次加工、装运、出售，会有不少细菌。所以，餐具买回家后，不能简单洗刷，应放入锅内用盐水煮沸消毒后方可使用。

筷子只用不换 筷子应每日烫洗，定期更换。另外，存放筷子的笼子或盒子也要注意清洁。

鸡蛋不洗就打 一个鸡蛋上市要经过若干程序，鸡蛋的外壳早就浸染了大量细菌，如果不洗就打蛋做菜，细菌就会随蛋液一起流入锅中，被人吃下。因此，在打鸡蛋做菜时，一定要先用自来水反复冲洗外壳。

白菜心不洗就吃 许多人认为，剥了一层又一层的大白菜心是很干净的，不需要洗。这种认识是错误的。其实，大白菜从生长到包心需要两三个月的时间，当中需要多次施肥、治虫，加之空气污染，细菌早就在菜心扎下了根。因此，大白菜不但不能一剥就吃，而且要用食盐浸泡30分钟以上，反复清洗后再吃。

呵护鼻子巧防病

健康提示

小小的鼻子，是五官中最惹人注目的部位，对人体健康起着重要作用。鼻子作为人体与空气打交道的第一关口，外与自然界相通，内与很多重要器官相连接。既是人体新陈代谢的重要器官之一，又是防止致病微生物、灰尘及各种脏物侵入的第一道防线。由此可见，呵护鼻子，养成良好的保健习惯非常重要。

健康习惯

给鼻子"洗洗澡"

在现代化大都市中，人不可避免地要与饱受灰尘、二氧化硫等各种废物污染的空气打交道。而空气中的污染物正不停地吞噬着鼻腔黏膜的健康。大气中的灰尘，在鼻腔内留下了许多污垢，在得不到有效清洗的情况下，粉刺、雀斑使鼻子变得面目全非。因此，要经常给鼻子"洗洗澡"。在此特别推荐冷水浴鼻，尤其是在早晨洗脸时，用冷水多洗几次鼻子，可改善鼻黏膜的血液循环，增强鼻子对天气变化的适应能力，预防感冒及各种呼吸道疾病。

鼻外按摩

此法用左手或右手的拇指与食指，夹住鼻根两侧并用力向下拉，由上至下连拉12次。这样拉动鼻部，可促进鼻黏膜的血液循环，有利于正常分泌鼻黏液。

鼻内按摩

将拇指和食指分别伸入左右鼻腔内，夹住鼻中隔软骨轻轻向下拉若干次。此法既可增加鼻黏膜的抗病能力，预防感冒和鼻炎，又能使鼻腔湿润，保持黏膜正常。在冬春季，能有效地减轻冷空气对肺部的刺激，减少咳嗽之类疾病的发生，增加耐寒能力，拉动鼻中隔软骨，还有利于防治萎缩性鼻炎。

"迎香"穴位按摩

以左右手的中指或食指点按"迎香"穴（在鼻翼旁的鼻唇沟凹陷处）若干次。因为在"迎香"穴位有面部动、静脉及眶下动、静脉的分支，是面部神经和眼眶下神经的吻合处。按摩此穴即有助于改善局部血液循环，防治鼻病，还能防治面部神经麻痹症。

"印堂"穴按摩

用拇指和食指、中指的指腹点按"印堂"穴（在两眉中间）12次，也可用两手中指，一左一右交替按摩"印堂"穴。此法可增强鼻黏膜上皮细胞的增生能力，并能刺激嗅觉细胞，使嗅觉灵敏。还能预防感冒和呼吸道疾病。

入嘴的筷子慎选择

健康提示

一日三餐，人们总离不了筷子，可是，你对筷子的使用究竟了解多少？

随着生活水平的提高，人们在饮食上越来越讲究，不但追求食品的色、香、味俱全，就连筷子也要精心挑选。目前市场上筷子花样繁多，琳琅满目，各种材质的筷子应有尽有。究竟如何选择既健康又实用的筷子，那是大有学问的。

健康习惯

竹筷是首选，它无毒无害，而且非常环保，还可以选择本色的木筷。相反，涂彩漆的筷子不要使用，因为涂料中的重金属铅以及有机溶剂苯等物质具有致癌性，会严重危害人的健康。塑料筷子质感较脆，受热后容易变形、融化，产生对人体有害的物质。骨筷质感好，但容易变色，价格也比较昂贵。银质、不锈钢等金属筷子太重，手感不好，而且导热性强，进食过热的食物时，容易烫伤嘴。

吃饭时人们往往几双或十几双筷子同到一个盘子里夹菜。其实，筷子混用，很容易沾染各种细菌。研究发现，许多病菌都是通过筷子传染的。据检测，一双不干净的筷子上可能带有几万甚至几十万个细菌和病毒。人一旦使用了这样的筷子，就容易染上相关疾病，如肝炎、痢疾、伤寒、急性胃肠炎等。当家长用这样的筷子给孩子喂饭，或餐桌上很多人用筷子夹同一盘菜时，这些病原微生物就会通过筷子传播，引起交叉感染。对此且不可小视之，家里的筷子最好做到专人专用。

实践证明，洗刷过的筷子也并非"干净"。一双筷子用久了之后，表面就不再光滑，而且经常搓洗也容易使筷子变粗糙，筷子上面细小的凹槽里就会残留许多细菌和清洁剂，在这种情况下致病的机会很多。建议家中筷子最好半年换一次。

由于筷子经常使用，特别是我们在洗刷筷子时往往把整把的筷子放在水龙头下搓，筷子上极易残留细菌、病毒。为此要定期消毒，筷子最好存放在通风干燥的地方，以防霉菌污染，放筷子的盒子也要定时清洗、消毒。

厨具摆放要见"世面"

健康提示

不少家庭习惯于把洗过的碗和碟子摞在一起放在橱柜里，这样不利于碗碟的通风干燥，刚洗过的碗碟朝上叠放在一起很容易积水，加上橱柜密闭、不通风，水分很难蒸发出去，自然会滋生细菌。有人在洗碗后喜欢用干抹布把碗擦干，但是，抹布上带有许多细菌，这种貌似"干净"的做法适得其反。此外，碗碟摞在一起，上一个碗碟底部的脏物全都沾在下一个碗碟上，很不卫生。

健康习惯

专家建议，可以在洗碗池旁边设一个碗碟架。清洗完毕，顺手把碟子竖放、把碗倒扣在架子上，很快就能使碗碟自然风干，既省事又卫生。

筷子和口腔的接触最直接、最频繁，存放时要保证通风干燥，而有些人把筷子洗完后放在橱柜里，或放在不透气的塑料筷筒里，这些做法都是不可取的，最好是选择不锈钢丝做成的、透气性良好的筷筒，并把它钉在墙上或放在通风处，这样能很快把水沥干。还有人习惯在筷子上搭一块干净的布防灰尘，其实，只要在用之前用清水冲洗一下就可以，蒙上布反而会妨碍水分的散发。另外，把菜刀放在不通风的抽屉和刀架里也是不可取的，同样应该选择透气性良好的刀架。

纽约大学医疗中心临床微生物学专家菲利普·泰尔诺博士指出，细菌最喜欢温暖潮湿的环境，在密闭的橱柜和阴暗的角落里，繁衍着大量葡萄球菌、沙门氏菌、大肠杆菌等，很容易污染食物，引起肠道疾病及其他不适。因此，各种厨房用具更应保持良好的卫生状况，除了做好清洁工作外，存放的环境也非常重要，其基本的要求就是通风、干燥。

长柄汤勺、漏勺、锅铲等都是做菜熬汤时的好帮手，但很多人习惯把这些用具放到抽屉里，或放在锅和炒勺里，并盖上盖子，这同样不利于保持干燥。

切菜板容易吸水，表面多有划痕和细缝，经常藏有生鲜食物的残渣。如果清洁不彻底、存放不当，食物残渣腐烂后会使细菌大量繁殖，甚至在切菜板表面形成霉斑，对食品的污染可想而知。

要解决这几个问题，不妨在厨房里进行一场小小的革命：在吊柜和橱柜之间，或在墙上方便的地方安装一根结实的横杆，并在横杆上装上挂钩，把清洗后的锅铲、漏勺、打蛋器、洗菜篮等挂在上面，在离这些用具较远的一端挂抹布、洗碗布和擦手毛巾，在横杆的另一端则装一个更结实的挂钩，把切菜板也悬挂起来。采用这种办法，还能使厨房保持整洁，各种用具拿起来也很顺手，可谓一举多得。

招招都使餐具无菌无毒

健康提示

餐具在传染食源性疾病上起的作用十分显著。因此，要把住"病从口入"这一关，家用的餐具也应每人一套专用，不能混放混用。来了客人及发生传染病以后，更应如此。另外，病人及客人使用的餐具应分别洗刷、分别放置。病人用过的餐具应先消毒，后洗刷。一般情况下，家用餐具不必每餐消毒，但应定期消毒，而客人使用完的餐具、传染病人

的餐具应及时消毒。

健康习惯

家用餐具消毒方法有很多种，归纳起来，常用的有：

煮沸消毒　利用水煮达到沸点后进行消毒，不仅简单易行、经济有效，而且消毒后无任何气味和副作用。

蒸气消毒　用锅加水煮沸后产生大量蒸气消毒餐具，效果也很好，不会使餐具挂上水碱，也是很好的消毒方法之一。

浸泡消毒　不耐高温的餐具，特别是啤酒具等会遇热爆裂、变形等，可使用漂白粉、氯亚明、高锰酸钾等消毒液浸泡。浸泡时一定要注意药液必须没过餐具；药液浓度要按规定要求，如漂白粉用0.5%澄清液；肝炎病人的餐具要用3%的漂白粉澄清液；浸泡时间要充足，一般需15～30分钟；浸泡后再用清水冲洗干净，最好用流动水冲洗。

碗柜消毒　消毒碗柜内可产生臭氧或紫外线等，可消除碗筷表面上的细菌、病毒。

利用太阳光紫外线消毒　太阳光紫外线具有较强的杀菌能力，如果上述方法不能采用时，也可以将餐具洗净后，在烈日下暴晒40分钟以上，可以起到消毒杀菌的作用。晾晒时要注意不要被尘土和蚊蝇污染。

巧洗蔬菜残留少

健康提示

蔬菜中的农药残留是食品安全中的一个重要问题。尤其夏季，既是蔬菜消费的高峰期，也是害虫的活跃时期，生产者为了赶商机，要么用超浓度的农药杀虫，要么施用农药后提前采收，造成大量蔬菜农药残留严重超标。一般情况下，夏天蔬菜的农药残留量比冬季高得多。

有人洗菜时，喜欢先切成块再洗，以为洗得更干净，但这种习惯是不科学的。

蔬菜切碎后与水的直接接触面积增大很多倍，会使蔬菜中的水溶性维生素如维生素B族、维生素C和部分矿物质以及一些能溶于水的糖类会溶解在水里而流失。

与此同时，蔬菜切碎后，还会增大被蔬菜表面细菌污染的机会，留下健康隐患。因此蔬菜不能先切后洗，而应该先洗后切。

健康习惯

比较合适的洗菜方法有以下几种。

淡盐水浸泡：一般蔬菜先用清水至少冲洗3~6遍，然后泡入淡盐水中浸泡1小时，再用清水冲洗1遍。对包心类蔬菜，可先切开，放入清水中浸泡2小时，再用清水冲洗，以清除残留农药。

碱洗：先在水中放上一小撮碱粉、碳酸钠，搅匀后再放入蔬菜，浸泡5~6分钟，再用清水漂洗干净。也可用小苏打代替，但要适当延长浸泡时间到15分钟左右。

用开水泡烫：在做青椒、菜花、豆角、芹菜等时，下锅前最好先用开水烫一下，可清除90%的残留农药。

用淘米水洗：淘米水属于酸性，有机磷农药遇酸性物质就会失去毒性。在淘米水中浸泡10分钟左右，用清水洗干净，就能使蔬菜残留的农药成分减少。

用开水泡烫：在做青椒、菜花、豆角、芹菜等时，下锅前最好先用开水烫一下，可清除90%的残留农药。

给自己当牙医

健康提示

很多人都有一样的困扰，明明早晚都刷了牙，牙齿却还是发生问题，尤其现在人工作忙碌，大部分都没有时间吃完东西立即清洁牙齿，顶多只用清水漱口，但其实漱口并无法彻底清洁牙齿上面的牙菌斑，顶多只能清除一些食物残渣而已。对此，平时我们可以采取一些简单易行的步骤，大大降低龋齿、牙龈疾患和其他牙齿问题发生的风险。

健康习惯

牙线：用尼龙线、丝线或涤纶线来清洁牙的邻面菌斑很有效，特别是对平的或凸的牙面最好。用一段约25cm的牙线，将线的两端打双结形成一线圈，或取约33cm的牙线，将线的两端绕在二个中指上，用右、左手指将牙线通过接触点。两指间控制牙线的距离约1cm~1.5cm。当有紧而通不过的感觉时，可做前后拉锯式动作，通过接触点，轻柔地到达接触点下的牙面，同时将牙线放到牙龈沟底以清洁龈沟区，注意不要硬压入龈沟以下过深的组织内。用两指将牙线紧绷，并包绕颈部牙面，使牙线与牙面的接触面积大一些，然后作上下刮动，每一牙面要刮5~6次，依次进入相邻牙间隙，逐个将全口牙齿的邻面刮净，并漱去刮下的菌斑。

牙签：牙龈乳头萎缩，或在牙周手术后牙间隙增大的情况下，用牙签来洁净暴露的牙面，特别是凹的牙面或根分叉区最为合适。也可以用来对着牙龈加压以刺激及按摩萎缩的牙龈乳头，但习惯上都用牙签剔除嵌塞的食物纤维。牙签有木质和塑料两种。在牙间有空隙的情况下，牙签以45°角进入，尖对牙合面方向，侧缘接触牙间隙的牙龈，然后用牙签的侧缘洁净牙面。在凹的根面和根分叉区，可用牙签尖端及侧缘刮剔，如果有食物纤维嵌塞可作颊舌侧穿刺动作，将食物剔出，然后漱口。使用牙签时要注意，不要将牙签尖用力压入健康的牙间乳头区，因为这样会造成一个先前并不存在的空隙，而这样一个小间隙极难保持清洁，以后只能经常用牙签来剔刮，以致空隙日益增大。牙签不要垂直插入，要沿着牙龈的形态线平行插入，否则会形成平或凹陷状的牙龈乳头外形，影响美观和功能。

一般来说，吃完食物后的10分钟是牙齿保健的关键时期，因为此时口中的pH值由6.8降到4.5，酸性达到高峰，此时若未立即清洁牙齿，这些酸性物质就会侵蚀牙齿表面的珐琅质，形成脱钙现象，造成蛀牙。

洗出晶莹剔透的葡萄

健康提示

科学家最新发现，经常吃葡萄特别是紫色葡萄能够有效地预防癌症。葡萄中含有一种叫做黄酮的高抗氧化因子，这种化学物质能够有效阻止促使癌细胞扩散的一种酶的产生，因而具有抗癌作用。

你是不是遇到过这样的难题：美味营养的葡萄好吃却不好洗。下面教你几个巧洗葡萄的方法。

健康习惯

方法一　将葡萄一颗一颗放在水盆里，不要完全去蒂留一点。加入

可以盖过葡萄高度的水，往水里洒一些面粉，用手掌在水里搅和几下。然后倒掉混浊的面粉脏水，用清水冲几次至水清晰了即可。面粉是很好的天然吸附剂，可以吸掉蔬果表面的脏污及油脂。

方法二　用块毛巾把葡萄盛在毛巾里放在水里筛，葡萄上的白霜就很快就没了。

方法三　加盐轻轻地揉一下，让葡萄的外皮都有沾到盐巴，然后泡20分钟，倒掉水，加清水再洗干净，最后用凉开水过一下。

方法四　挤一些牙膏在手上，双手搓一搓，再轻轻搓洗葡萄.洗葡萄的时候，用剪刀将蒂头与果实交接处，小心剪开。不要剪到皮（破皮容易污染到果肉），也不要留一小断梗在果实之外（留梗的葡萄，除了不易洗净以外，也容易刺伤其他的葡萄的果皮）。有腐烂的葡萄，先挑除不要。千万不可以拔梗，因为会将果实的纤维拉出，伤了葡萄，果肉容易腐烂。剪完的枝梗，可以看到与葡萄交接处平滑完整。洗葡萄的过程一定要快（5分钟以内），免得葡萄吸水胀破，容易烂掉。用清水冲洗至没有泡沫为止。冲洗完毕后，用筛子沥干水。在一个平底锅的锅盖上铺上一条干净的毛巾，将沥干的葡萄倒入其中，（一次大约一层葡萄的厚度，而且可以滚动），双手握好平底盘，前后摇动，使葡萄均匀滚动，以吸干残存的水分。将葡萄倒入干燥的碗盘中，放入冰箱，随时可食，可以保存2～3天。

需要摒除的伪卫生做法

健康提示

生活中有一些习惯，貌似卫生，实际上并不卫生，不仅不能保证身体健康，反而对身体有害。

健康习惯

摒除之一 白纸包食品。许多生产纸的厂家在生产过程中往往使用漂白剂，而漂白剂在与食品接触后，会引起一系列化学反应，产生一些有害物质，极易对食品造成污染。

摒除之二 卫生纸擦拭餐具、水果。国家质检部门抽查结果表明，许多种类的卫生纸都未经消毒或消毒不彻底，上面含有大量细菌，很容易粘附在擦拭的物体上。只有经过严格消毒处理的高级餐巾纸才符合卫生标准。

摒除之三 饭桌上铺塑料布。餐桌上铺了塑料布，虽然好看，但容易积累灰尘、细菌等，而且有的塑料布是由有毒的氯乙烯树脂制成的，餐具和食物长期与塑料布接触，会沾染有害物质，从而引发许多的疾病，影响健康。

摒除之四 用纱罩罩食物防蝇。用纱罩罩在食物上，苍蝇虽然不会直接落到食物上，但会停留在纱罩上面，仍会留下带有病菌的虫卵，这些虫卵极易从纱孔中落下而污染食物。

摒除之五 用毛巾擦干餐具及水果。我国城市所用自来水都是经过严格消毒处理的，用自来水冲洗过的餐具及水果基本上是洁净的，不用再擦。而毛巾上存活着许多病菌，用毛巾擦干餐具、水果反而会二次污染。

摒除之六 用酒消毒碗筷。一些人常用白酒来擦拭碗筷，以为这样可以达到消毒的目的。殊不知，医学上用于消毒的酒精度数为75%，而一般白酒的酒精含量在56%以下。所以，用白酒擦拭碗筷根本达不到消毒的目的。

给蟑螂设下若干"陷阱"

健康提示

蟑螂贪食成性，不仅吃食物，也吃粪便和痰液。吃进后，常将部分食物呕出。能传播痢疾、伤寒、霍乱等疾病。此外蟑螂常能咬坏书籍、衣服甚至皮件，污染衣物等。它还能分泌含臭味的液体，在其接触过的食物及物品留下特殊的臭味。鉴于它的恶名及给人类带来的危害，不杀不足以平民愤。下面介绍几种绝杀蟑螂的办法。

健康习惯

买一卷封纸箱用的胶带（灭蝇纸也可），放在蟑螂经常出没的地带，第二天早上会发现许多蟑螂自投罗网，将胶带焚烧或者用开水烫，达到消灭蟑螂的效果。

用鲜牛奶（奶粉也可）、洋葱汁和等量的硼酸、面粉混合搅拌成糊，分别放在硬纸壳上，置于蟑螂经常出现的地带，蟑螂喜食，食后即死。

寻找蟑螂的"家"，并用沸水冲，定期使用，久而久之蟑螂会逐渐消失。

一勺硼酸放热水中融化，用煮熟的土豆与硼酸水搅拌成糊，加糖，放于蟑螂经常出没的地方。蟑螂吃后硼酸的结晶体可使蟑螂内脏硬化，几个小时后即可死亡。

橘子皮灭蟑螂，将橘子皮置于蟑螂经常出没的地带，会有效驱逐蟑螂。

辨肤洗澡

健康提示

讲到科学洗澡和搓澡，还得由人的皮肤说起。皮肤覆盖着整个身体，最外层叫角质层，对保护人体有重要意义；皮肤里面有很多汗腺和皮脂腺，汗腺不断向外分泌汗液，就是每天出的汗；皮脂腺不断向外分泌皮脂，就是皮肤上、脸上出的"油"。汗液和皮脂在皮肤表面经过乳化作用，形成一层很薄的膜，覆盖在皮肤表面，它既能保护皮肤的柔润与光泽，又有消毒杀菌的作用，是一种自然保护功能。但是，这种作用毕竟是有限的，在生活和工作过程中，空气中的尘埃和污物等会经常弄脏皮肤，汗液和皮脂也在不断增加，这些东西混合在一起，也就形成我们身体表面的一层"脏泥"，它不仅起不到保护皮肤的作用，而且成为细菌的培养基地，对健康不利。

健康习惯

洗澡要科学。例如长时间不洗澡，皮肤表面形成一层污垢，刺激皮肤，使皮肤发痒；细菌繁殖，易引起皮肤感染；阻塞汗孔、毛囊口，影响皮肤正常分泌和排泄功能。所以经常洗澡搓澡，保持皮肤卫生是非常必要的。

但是有些人认为，既然洗澡卫生，就天天洗澡，甚至在北方的秋、冬季节也天天洗，一天洗两次，搓两次，这不就更卫生吗？不一定，因为过多的洗澡，不仅洗掉了正常皮肤保护膜，而且破坏了皮肤的保护和润泽功能，再加之秋冬季节，人体汗液和皮脂分泌减少，空气干燥多风，过力搓擦皮肤又造成皮肤最外层角质层的损伤，所以有些人越多洗

澡皮肤越干燥，脱屑越多，严重的手掌足底还裂口子，就是这个道理。

一般来说，多脂型皮肤洗澡次数可以多一些，根据工作环境和工作性质不同，一周两次，一周三次均可；干燥型皮肤的人，特别是北方风大干燥的冬天，则不适宜每天洗澡搓澡，这样做并不卫生，反而损伤了皮肤。一般型皮肤的人当然介于两者之间。

创可贴不是万能贴

健康提示

许多人擦伤皮肤后，习惯贴一片创可贴了事，但专家提醒，擦伤的伤口不适宜用创可贴，而应该用紫药水消炎，让伤口自然暴露在空气中，以待愈合。专家认为，擦伤皮肤的创面比普通伤口大，再加上普通创可贴的吸水性和透气性不好，不利于创面分泌物及脓液的引流，反而有助于细菌的生长繁殖，容易引起伤口发炎，甚至导致溃疡。

健康习惯

专家建议，创可贴只适用于伤口表浅、整齐干净、出血不多的切割伤。还需注意的是，创可贴应一天一换；平时要保持干燥，如果浸湿应立即更换，否则容易滋生细菌；不能缠得太紧，以免伤口不透气而发生厌氧菌感染，或导致受伤部位血液循环受阻；创伤处无需接触外物时，最好把创可贴揭掉，让伤口自然通风，能恢复得更快。一旦发现创面感染，应立即去医院处理。

洗头的学问

健康提示

完美的化妆要有光滑细嫩的皮肤做基础。同样，美丽的发型也离不开护理周到的发质。光泽、秀美的头发，不仅体现了健康，也充满了自信。生活中，由于头发上常有灰尘和汗水，细菌就会借体温的影响而繁殖，不仅破坏了毛囊，也影响头发的寿命。洗头最重要的是选好洗发和护发用品，在这中间要考虑头发的粗细、软硬、形态、性质和条件，是属中性、干性或油性。有时，头发也会因气候、冷暖、污染、情绪、染发、烫伤等影响而受损，这就潜要做特别的护理。洗头能够将头皮屑和污垢有效地清除，使头发在一个健康的环境下生长。

健康习惯

一般说来，油性头发多选择柠檬洗发液，干性用含有蛋白质的、中性可用一般的。因头发是属酸性的，而大多数的洗发剂为碱性。所以，头发洗净后要涂些酸性护发素，可在按摩头皮3分钟后洗净。

洗头的水温以40℃~45℃为宜。水温低，不易把油脂等污物洗掉；而水温高，又会造成头皮表层细胞的坏死，头屑增多，卷发变直。

洗头时不要用手指甲或梳齿用力梳头，这样容易伤到头发，造成毛囊发炎、脱发等现象，

洗完后要及时将头发撩干或吹干，如使用吹风机，切忌让风筒靠得太近，这样会把头发吹焦，造成头皮的轻度烫伤。

头发湿时不要梳，以免损伤头发，一般用光滑的、齿间较宽的梳子梳头，从发梢开始，逐渐移向头顶。经常梳头，梳子在头皮上来回轻

划，可以起到按摩作用，并刺激头部神经末梢，通过大脑皮层，调节头部的神经功能，从而促进血液循环，对头发的生长大有益处。另外，与头发接触的用具，如梳子，刷子和卷筒等都要清洁，避免与别人交叉使用。

头发虽需勤洗，但也不能每天数次洗得过勤，以1至2天洗一次为宜。洗得太勤，就会将皮脂腺分泌滋润头发的油脂充全洗掉，这不仅不利于护发，反而会使头发发黄、变干，失去自然的光泽。

正确的刷牙方法

健康提示

怎样刷才能起到真正清洁牙齿的作用，不是每个人都清楚的。正确的刷牙，能够除去软垢、污物，清洁口腔，减少或防止龋病等牙体疾病的发生。如果刷牙的方法不得当，不但无益，而且会有害。然而一些不正确的刷牙方法还特别容易为大家所沿用。

健康习惯

刷牙好习惯之橘皮末防腐灭菌：橘皮末做牙膏可清洁牙齿。橘皮研成细末，每天刷牙时掺入牙膏少许，不仅可使牙齿美白，满口清香，还由于橘皮还有很强的防腐灭菌的作用，长期坚持能有效固齿。

刷牙好习惯之漱口水抑制牙菌斑：漱口水中含有麝香草粉、薄荷醇、水杨酸等成分，能抑制牙菌斑的生成，坚固牙齿。而且漱口水可湿润口腔黏膜，起到人工唾液作用，提高你的消化力！牙科专家建议漱口水的使用频率为每周2—3次，漱后30分钟尽量避免进食，这样才能让漱口水在口腔内充分发挥作用，使牙齿美白。

刷牙好习惯之柠檬苹果醋除牙垢：柠檬中的烟酸能有效去除牙垢，而苹果醋中的醋胶也可使牙齿变白。建议你将柠檬汁与苹果醋按1：1的比例调好，蘸在化妆棉上，轻轻擦拭牙齿表面。每天早晚进行一次，一周即可让牙齿美白效果明显出现。

刷牙好习惯之电动刷牙清除菌斑：实验证明，电动牙刷比一般牙刷能多清除38%的牙菌斑，长期使用，可让牙齿亮白程度增加20%以上。更重要的是，它能减少六成的刷牙力度，不会让牙龈受伤。但电动牙刷需每三个月更换刷头，因为3个月后，刷毛变粗糙，清洁作用降低。调查显示，在那些抱怨电动牙刷对牙齿美白程度改观不大的人群中，80%的人都很少更换牙刷刷头！

刷牙好习惯之嚼芹菜去除残渣：法国健康专家让·吉格推荐的护牙食品是芹菜。他认为，在你大口嚼芹菜时，等于为牙齿进行了一次大扫除。芹菜中丰富的粗纤维可有效清除附着在牙齿上的食物残渣，减少色素沉着。另外，芹菜中的磷、铁还能让牙齿更坚硬！但一定注意，要嚼生芹菜！

刷牙好习惯之半年洗一次牙：口腔内食物残渣与菌斑在牙面的附着、钙化，可发展为牙结石，不仅影响形象美观，还刺激牙龈，导致牙周病与口臭；而烟、茶、咖啡对牙齿的"熏陶"，会使牙齿表面着色，这些因素，对个人的身体健康与社交都会产生影响。专家建议至少每半年或者一年去医疗机构做牙齿检查，一旦有牙结石就及时洗牙，保证口腔健康同时，维护完美形象。重要约会前洗牙，让自己的笑容加分不少。

刷牙好习惯之用牙线清除"卫生死角"：牙线的清洁性能优于牙签，对牙刷不能到达的牙邻面间隙等部位的清洁尤为适合，可有效清除这些"卫生死角"的食物残渣与牙菌斑，且更加"优雅"，正确使用，不易损伤牙龈。不过要每次吃完东西都在洗手间里对着镜子使用牙线也是一个费时的程序，如果在没有私密洗手间的场合要使用牙线也会多少让人有

些尴尬。

最健康的洗脸方法

健康提示

"看人先看脸"，这是一条铁打的定律。于是，很多人认为，脸的重要性仅次于生命。脸是至关重要的，看看街上那些装饰得琳琅满目的橱窗就知道了，那一个个煞费苦心的橱窗，正是一张张店铺的脸，直接关系到能否留住顾客的脚步，以便让货币从这个钱包流转到另一个钱包成为可能。作为人脸，其重要性恐怕也不亚于橱窗。正确的洗脸方式，比选择洗面乳来的重要。天天洗脸的你，是不是有智慧的洗掉了脏污，留住了健康呢？

健康习惯

最健康的洗脸方法，就是先用冷水把脸打湿，将洗面乳用双手搓揉起泡，抹在脸上，再用指腹部位略加按摩，清洁剂在脸上停留的时间不要超过三十秒，再用冷水冲干净。这个步骤虽然看似简单，但是有几点需要特别注意：

用冷水洗脸时的水温不要超过20℃（约为夏天的自来水温度）。水温太高，不但过度破坏皮肤的天然皮脂膜，使得表皮保水能力下降，而且会加大清洁剂对皮肤的伤害，对于敏感性肌肤尤其不适合。认为热水可以使毛孔张开、洗清油污，只是一种迷信。

用手先搓揉起泡，直接将洗面乳涂抹于脸上，容易使局部皮肤受到高浓度清洁剂的伤害，而且清洗时也会在局部造成残留。

用手洗，不要用工具洗：天天使用毛刷、毛巾、磨砂膏，都会造成皮肤的伤害，戒之为妙。有些人喜欢用内含颗粒状硬物的洗面皂直接搓脸，也极易损伤皮肤。

清洁用品停留在脸上的时间不要太久。表皮细胞膜是脂质所构成，黏住细胞间的物质也是脂质所构成的。界面活性剂可以将油污溶于水中，但是作用太久，它就会侵犯细胞膜及细胞间质造成刺激，因此一般肤质建议停留三十秒，即使是油到不行的油面族，最好也不要超过六十秒，由此我们也可了解，洗面乳在脸上停留时间有限，其中昂贵的添加物对皮肤的保养，意义并不大。

注意洗脸的频率。洗脸的频率可以按照肤质、气候、年龄、活动状况而自行调适，并没有严格的次数规定。一般而言，干性皮肤、室内工作者，一天两次就够了；但油面族、运动员、常接触到粉尘的工厂工人，只要遵守上述的洗脸原则，一天洗四至五次的脸，也是健康的。

就医习惯

做一个让医生"刮目"的病人

健康提示

生了病，面对医生你就丧失主动权了吗？回答当然是否定的。面对医生的一刻什么最重要？不是你的职位高低和教育背景，而是你的沟通能力。因为，即使最高明的医生也不能正确地回答你的问题，如果你的提问方式首先就是错误的。如何在最短的时间内说清自己的问题，是赢得健康和医生尊重的关键。

健康习惯

候诊室外是一如既往的长龙，此时的你是一脸焦急地傻等医生的传唤还是做点别的？一个聪明的病人在走进医生诊室前一定会花些时间准备，因为这样可以使医生在最短的时间内得到更准确更全面的信息，而你可以得到更令人满意的治疗建议。

注意记下你身体出现的症状或不适。信息越具体，对医生的诊断越有帮助：

症状是什么。

何时开始的。

你的感觉（越具体越好）。

出现这些症状前后，你的生活方式是否发生了变化（例如，换了新工作，改变了饮食习惯，锻炼计划的改变，出差旅行，或出现了新的压力等等）。

这些症状是减轻了还是加重了，是持续不断还是很快就消失了。

是什么原因可能引起了这些症状呢（例如，吃了某种食物或者参加了某项活动）？哪些原因可能加重了这些症状。

哪些方式使这些症状得到减轻（例如，药物治疗或者休息）。

你的家庭成员是否出现了或者曾经有这些症状。

把你正在服用的药物详细告诉医生，包括处方药、非处方药、维生素补充剂、中草药或其他营养保健类药物。并写下所有相关信息，如服用的剂量、频率等，或带上一些带包装的药给你的医生看看。如果对任何药有过敏反应，也要告诉医生。如果有跟你的疾病相关的其他信息，例如做过的 X 光片、血液、尿液检查结果、从前的病例等等也要带好，以供医生参考。做得如此缜密，医生当然刮目相看了。

筛选出“最好”的医生

健康提示

医院里每天发生着各种故事，当人们不断听到病人对医生的抱怨的同时，也总有一些病人能幸运地碰到好医生。即使我们不得不面对眼下良莠不齐的医生队伍，一个主动积极的聪明病人，可以通过自己的努力去发现那些善良的医生，或者一个尽管脾气暴躁，但其实骨子里却很真诚的医生。

健康习惯

聪明病人可以千方百计去交一位医生朋友或者护士朋友，打听清楚内幕。他虽然挂不上号，但可以用各种真诚的方法打动专家，给自己加个号……聪明病人要做的是动用智慧和谋略，主动积极地为自己开路，给自己选一个好医生。

但我们拿什么标准去衡量这些"众说纷纭"的好医生呢？在现在的医生评价体系中，一个高年资医生主要是看他的学术成就，他的行政头衔，这些都会更多地给医生带来名气。但对具体的病人来说，更重要的是———人情味和医术。如果实在不能兼备，那就医术吧。

而怎么去了解一位医生真正的医术，在这方面，目前没有现成的名单问世，只能靠我们自己去研究、去判断。想方设法去交几个医生朋友或者护士朋友，会帮助你了解更多的情况。

一个朋友患了子宫肌瘤，需要做手术，本来觉得腹腔镜就能解决，结果她去看了专家门诊，专家却说因为肌瘤的位置长得比较棘手，周围有血管和尿管，所以腹腔镜不一定能解决，可能会开腹手术。她又设法咨询了几位同行大夫，结果一听就明白了，原来这位医生的手术风格就是过分细心，不够果断，拘泥于细节，所以有人用2小时做完手术，这位医生可能需要3小时，有人不觉得危险的位置，他可能会觉得风险比较大。朋友惊叹这里面学问太多了！是愿意肚子上开3个小洞做腹腔镜呢，还是愿意冒开腹的风险？既然就做这一次手术，那就要想办法尽可能去找个最适合自己病情的好医生！

保管好病历本是就医的捷径

健康提示

疾病就像是一条河，是一个动态的过程，而每位医生看到的只是一个切面，是静态的。只有完整规范的病历，才能记录整个病变过程，所以对患者来说，门诊病历是健康档案的重要组成部分，是患病和诊疗经过的真实记录，是确立诊断、进行治疗、落实预防措施的资料，也是诊断与治疗的重要参考资料。不少人都有这样的习惯，看病时不喜欢带老病历本，每次都是花几角钱再买一本病历。殊不知，如果没有这些资料，许多本可以免去的检查就要从头开始，这样就会增加看病的开支。因此，为了使疾病得到更快、更准确的诊断，减少不必要的开支，看病时一定要养成带上老病历本的习惯。

健康习惯

当病人来医院就诊，到挂号处挂号，就与医院、医生建立了合约关系。既然是合约，自然需要有书面凭据，病历本就是这个凭据。病历本记录着当时疾病的具体情况，做了哪些检查，检查结果是怎样的，医生的意见又是什么，有什么样的注意事项，是不是要复查等。有很多病人，特别是患有慢性病的病人，如糖尿病病人，需要定期复查血糖，医生将以前的结果和现在的结果进行对比，以了解治疗效果，调整治疗方案。

对医生来讲，病历有很重要的参考价值。病历能记录整个病变过程，便于医生参考，综合分析。比如看了病历就会知道，用过哪些药？

效果如何？疗效不明显的药物可以不再使用，避免重新摸索用药，少走很多弯路。有些患者在同一家医院再次治疗时，病历能够为医生提供较为全面的信息，有利于增加医生诊断的准确性。对患者来说，可以避免重复检查、重复用药，节省很多开支。此外，如果一旦发生医患纠纷，病历还是一个非常有用的法律依据。

不重视病历本的人，大都是年轻人，特别是学生和在外务工人员。他们由于自身保健意识缺乏，不常生病，即使生病了也好得快，所以觉得病历本可有可无。相反，一般老年人，则比较重视病历本，他们会把病历本保管得较完整，有的老人还会把检验报告单按日期顺序贴得整整齐齐，便于医生看病时查阅，也借此让医生能够对自己的病情有个比较全面的了解，从而有利于疾病的治疗与康复。

最精明的看病模式

健康提示

对于大多数人来说，去医院看病是件头疼的事情。如果有一天，你偶患小恙，到了医院，你最担心的是什么？是医生的服务态度？是医生的技术水平？是医生的职业道德？是医院的药品价格？还是药品的质量？还是其他？其实这些都不是你能所左右的。你所能做的就是将下列事情做好，你就是一个专家级的患者，是一个业内的行家里手。

健康习惯

第一，挂号一定要选对科室，以防错挂误事误时。如果吃不准应挂哪科，不妨先去问询处打听一下。

第二，看病时务必将有关的病史资料准备齐全。为此平时就应养成习惯，对重要的化验单、X线片、处方底方等，都应按照时间顺序整理好，并认真保存。

第三，叙述病史时要尽可能做到有条理，可以按发病先后顺序讲，也可按照医生的提问回答。同时要注意详略得当。

第四，在回答医生提问时应实事求是。医生的问题中常会有一些医学术语，当您不理解真正含义时不要随口回答有无，应当向医生问清楚再回答。

第五，医生开出处方后应该交代用药方法或注意事项，或由药剂师说明服药方法。如果有不清楚的地方一定要问明白，必要时应当记在本上以免遗忘。

第六，患者有权向医生反映自己以前用药的反应和体会，尤其是慢性病患者，可以向医生说明服用哪些药物反应好，哪些药物反应不好，供给医生处方时参考。但注意最好不要点名要药，以免干扰医生的决策过程。

第七，复诊时应如实地向医生反映治疗效果，不要碍于情面，明明治疗效果不好也不说。

第八，不要向医生隐瞒在别的医院诊断经过和结果，而应当实事求是地和盘托出，供给大夫参考。不必过分担心医生会因为"先入为主"草率从事。

第九，慢性病患者在一段时间内最好相对固定一两个大夫，这样便于彼此之间不断加深了解，并节省医患交谈的时间。看病时最好不要一不见效马上就更换大夫或医院。频繁更换医生和药物，到头来只会贻误治疗。

善于和医生沟通

健康提示

患者要培养善于与医生沟通的习惯，就诊时只有通过沟通，才能充分了解自己的病情，才能从医生那里获得与自身病情有关的医学知识和治疗信息，以便主动与医生配合，达到治疗疾病的目的。

健康习惯

在与医生沟通时，应注意以下几个方面：

调整心态 有"备"而来 在看病之前，可通过书刊、杂志、网络等多种渠道了解与自己疾病有关的医学知识，做到心中有数。同时要把所有与疾病相关的资料全部带来提供给医生。

讲述病情 全面简洁 病人在诉说病情时要注意下列事项：首先，要告诉医生主要的病情，以便医生抓住要点。然后要说明疾病的发病时间、持续日期、疾病程度以及伴随发病的主要症状等。其次，要让医生了解发病以来诊治的情况。如经过其他医院诊治，则应出具各种检查以及其他医院的病历或诊断书。如果是复诊病人，则应着重叙述自上次诊治以后病情的变化和药物治疗的情况，包括效果、副作用等。再次，要向医生介绍自己以往的病史以及家族史。

细心聆听 患者就诊时，应注意倾听医生的嘱咐和忠告。但是在实际生活中，能够真正做到倾听是不容易做到的。对于患者来说，如果不能细心聆听医生的医嘱，便不能很好地按照医嘱执行。在倾听的同时，对于医生的嘱咐不甚明了时，应及时向医生提问，以便理解医生的意思。

遵照医嘱　认真执行　医生在诊治疾病的过程中和治疗结束后，都会针对病情向患者提出一些忠告和嘱咐，这些医嘱都是与治疗有关的注意事项和禁忌，如果患者不能遵守，在一定程度上会很大地影响治疗效果。因此，患者就诊时一定要在理解医嘱的基础上，认真执行，以便配合医生的治疗，尽早康复。

有些事需要告知医生

健康提示

为了治病，病人去医院看医生，首先要进行一番拉家常式的交谈。所谓的"拉家常式的交谈"，就是通过病人（或其家属）的叙述和医生提示性的询问，让医生了解病人最主要、最明显的不舒服，以及它的性质和发生的时间、经过。通过这样的交谈，一个有丰富医学知识和临床经验的医生就能够对许多常见的疾病作出初步的诊断，然后再通过认真的体格检查和必要的化验检查，进一步确诊。在这个过程中，需要患者如实讲述与病情相关的事情。

健康习惯

由于不愿意承认或早已习惯，或是因为其他某些原因，人们常常会接受某种程度的功能减退，尤其是那些缓慢形成的或涉及个人隐私的功能减退。化验或体格检查不能发现这些现象，如果您不告诉医生，便很可能会错过治疗的机会。

在诊断有严重的疾病后，许多人便一蹶不振。即使没经过诊断，一些人仍然对疾病充满恐惧。细心的医生可能会通过对您的情况进行客观分析来打消疑虑，使您平静下来。

如果一个家庭成员被诊断患有严重的疾病，那么家族史对医生来说非常关键。随着检验方法的进步，病人可在发病前就被诊断出来，而新近的家族史可以更有效地帮助医生作出各种判断。

病人经常会忘记告诉医生他们正在服用的非处方药，或者有意隐瞒服用的补药。因为他们认为大多数医生不赞成病人服中成药，或对中成药一无所知。但是，非处方药物可能会与处方药相互作用给病人造成危险。

如果您看过好几个专家，您不能假设他们互相已经交换过意见（事实上多半没有）。应该告诉医生其他医生给您开过什么药，列出一个清单或带上装药的瓶子。

一些药应该吃但是没吃。有时是由于副作用的影响，有时是不愿意吃这种药。如果您和医生谈到这种情况，医生也许可以为您更改处方。

对于排便不能自制一类的情况，患者往往羞于开口。虽然没有人能够保证能治好，但大多数病人的情况是可以控制的，至少应该先告诉医生您的情况。

求医时的精确"瞄准"

健康提示

为了少走弯路和尽快治愈，就医时应该知己知彼，了解医院的特点及主攻方向。那么，怎样才能知道以上这些信息呢？不能临时抱佛脚，这就要你在平时读书、看报，看电视、听广播时进行必要的关注。当然，这里面又有一个会看的问题，千万别看广告，而是看疗效。要看它是否是在某方面取得突破性进展，在某方面获得成功，或是在某种疾病的诊治上上了一个新台阶等。也可以向一些在医院工作的亲朋好友咨询一下，甚至你还可以向专家写信请教。还有好多患者去医院看病碰到的第一个问题就是在偌大的医院中不知道挂什么号，看哪个科。在这种情况下您可先向导医台的医务人员咨询，他们会对你加以引导，使你准确顺畅地就诊。

健康习惯

第一，要选择一家正规的医院进行诊疗。这是因为，在这样的医院进行检查与治疗相对比较规范，设备较为先进；其次，这里的医务人员都是经过正规的院校培养，具备了一定专门技术和道德修养的人才，并且拥有众多的专家学者及上级医生的层层把关，技术力量较强。

第二，到一家有专长的正规医院进行诊疗。这是因为，一家大医院的综合实力固然很强，但这决不意味着对所有疾病的诊治个个都是强项，比如，有的医院在肾脏内科的诊治上是其特色、强项，有的医院在消化系统疾病的诊治上技高一筹，而有的医院则在心血管疾病方面有着独到的研究。

第三，在有专长的正规医院中选择针对您疾病的专家进行诊疗。就拿腹部外科来说吧，有几家医院该科都是其单位的镇山之宝，可如果你再一细分就不难看出有的医院在肠外营养方面独占鳌头，而有的医院在肝移植方面却独树一帜，再有的医院擅长腹腔镜手术，所有这些就看你打算针对哪一类疾病了。

第四，同一种疾病选择最佳的治疗方法。同样是胆囊结石，有的采用腹腔镜胆囊切除术，而有的则需大动干戈，采用手术切除病变的胆囊。再如，肾结石，有的采用保守疗法，有的采用体外冲击波碎石，还有的则采用手术治疗；对于肿瘤同样也是，有的需要以化疗为主，而有的肿瘤则需插管进行介入治疗，还有的需放射治疗，更有的则需手术治疗，甚至有的需要以上诸种方法的综合运用。

少掏腰包的看病模式

健康提示

常听人抱怨，现在看病实在太贵，真是看不起病、也吃不起药。其实，对于相当一部分人来讲，看病时"策略"不够，也容易加大看病成本。因此，要想达到既能看好病又能节省钱的目的，不妨改变一下就医时的心态，变被动消费为主动消费，学会选择适合自己的医院。

健康习惯

一般心理认为到大医院看病"保险"，其实"大病大治，小病小瞧"才是最节约铜板的看病模式。医院根据规模和专业技术水平，一般分为一级、二级和三级医院。级别越高，费用也高，同样的检查治疗项目，级别高的医院收费都有一定幅度的上调，高低之差最多可达40%。大医院科研攻关能力强，主要实力在攻克疑难杂症上。许多常见病、多发病在二级医院或社区卫生服务中心就可以解决，所以患者据病情的大小选择医院，不必凡病都去挤大医院，这样省时又省钱。

这些医院因医疗设备和技术等的不同，各项收费也不一样。总的来说，中、小医院的床位费、门诊挂号费、检查费、手术费等相对便宜一些。因此，"大病大治，小病小瞧"才是最精明的看病模式。一些常见病，如感冒发烧、高血压、肺炎、阑尾炎等，治疗的方法大同小异，选择一家中型医院甚至小医院看看，省时又省钱。对于一些特殊病、疑难杂症、危重病以及一些不明原因的突发病等，最好选择三级综合医院或专科医院，这样有利于疾病的确诊，节省四处辗转求医的费用。到医院要看医院的环境、门诊大厅是否有秩序，是否有导诊的护士。如果这个医院不仅没有导诊的人员，反而有些穿戴不正规的"医务人员"到处打听你开什么药，这些医托行走在大厅患者人群之中，游说人们上当受骗。因此，劝您不要到这样的医院看病。这个医院管理很混乱，尽量挑选其他医院。

学会识读处方

健康提示

许多人都觉得拿着医生开的处方像拿着天书似的，通篇都是些难懂的符号。其实只要了解一些常用的拉丁文缩写，处方就不再是天书了。病人经医生诊治后，医生通常以处方的方式嘱咐病人用药，使其得到合理治疗。

健康习惯

1.处方上端医生需填写好患者姓名、年龄（儿科患者必须写明实足岁月）、性别、处方日期、就诊诊室或住院科室、病案号。

2.处方正文，医生需清楚书写药品的名称、剂型（如片剂、粉剂、胶囊、注射剂或软膏等）、剂量和数量、药物用法。医生每开列1种药品一般占用2行，以药名、剂量和数量为1行，用法为另1行。用法包括每次用药剂量，每日用药次数和给药途径（如皮下注射、肌肉注射、静脉注射、口服、外用等）。每日用药次数通常以分子式书写，如每日3次写作3/日，每4小时1次写作1/4小时等，或用拉丁文简写。

3.药物排列一般依主药、辅药的次序排列。

4.处方下端医生需签全名，方可生效。

5.急症用药，医生在处方右上角注明"急"字，可要求药局优先调配。病人识读好医生处方，可以更好地配合治疗。

当医生即将开处方时

健康提示

到医院看病，面对医生你应该把自身的情况如实地告之，这样有利于你治病和用药安全。在医生为你开出处方时，你的习惯做法是告诉医生文中一些事情。

健康习惯

1.如果你对某种药品或某些物质曾经发生过敏现象或是异常反应，你就应该告诉医生。因为药品引起过敏反应，轻者会发痒起皮疹，严重者可以造成过敏性休克导致死亡。

2.患有其他疾病，尤其是肝肾疾病，应告知医生。肝脏和肾脏是人体两个重要的代谢器官，一些药品对肝肾功能影响较大，肝肾功能不良的人容易出现药物不良反应。糖尿病患者在用药时要避免使用含糖量高的药物。将这些情况告诉医生，医生就会根据情况，调整你的药量或服药间隔，甚至更换药品。

3.已经怀孕，打算怀孕，或是正处在哺乳期内，应格外注意用药禁忌，不少药物属于"孕妇慎用"。

4.正在服用其他药品，或在过去两周内曾经服用过其他药品的患者，为避免发生药品之间的相互影响，有必要在医生开出处方前，告诉医生你目前用药的情况，必要时可带来给医生看。

5.职业的特殊性。医生的处方一般是针对普通患者的，而一些人的工作较为特殊，医生有必要根据其职业的特殊性，更换用药方案。

和医生"握手"成为朋友

健康提示

医生和患者永远是势不两立的敌对双方吗？现实并没有这么糟！两个凡人之间的沟通，最柔软之处在于——坦率和真诚。假如医患关系中有着不和谐因素，需要我们医患双方深刻反省并且着力修补。

健康习惯

有个外地病人好不容易来到一所著名医院想看一位教授的门诊，但无奈专家号早就挂没了，他在走廊里等了一上午，快到下午一点时，当教授终于看完了准备关门时，病人拿着一叠资料对教授说："我坐了一天的火车才到，好不容易排上队却没能挂上您的号，我知道您看了一上午很辛苦，但我来一趟实在不容易，不知道您是不是方便能给我加一个？"

教授听得动情，心想，自己不过多花几分钟，人家来一趟却要折腾好几十小时，不如看了算了。结果，这个病人凭着自己不服输的努力看上了病，还聪明地约好了下一次来复诊的号。

这位教授感慨地说："聪明的病人是不服输的，他用真诚打动你，既尊重你，又给自己争取机会。"

一位朋友住进妇科肿瘤病房，面对医生，她的问题也有一箩筐。比

如，医生给她选择治疗方案时，她会问这个医生为什么建议先手术后化疗，问那个医生为什么又建议先化疗后手术。结果她发现这两种治疗方案的疗效并没有显著的差异，只是这两位医生不同的治疗观念和不同的治疗习惯而已。

每天查房时，医生走到她的床前，她都带着笑容，准备了起码两三个问题等着咨询。不仅如此，她还找来了医院的妇产科学课本，来来回回读了好几遍，详细地了解了她所患疾病的治疗历史、演变以及目前国际的最新进展。

在治疗过程中，她一直在强势但友好地争取最好的医疗，力图把自己放在能和医生对话的位置。最后她赢得了医生的注意力，带着健康满意回家。不仅如此，她甚至还和其中的一两个医生交上了朋友，她复查时，只要往门诊一站，医生就会回过头来像老朋友似的跟她打招呼，问长问短。当然，知恩必报的她也给予了医生足够的尊重。

配合中医 "望、闻、问、切"

健康提示

说起看中医，大家都知道讲求"望、闻、问、切"，但是临床经验告诉我们，如果碰上一个"会看病"的患者，凭其适当配合可使中医诊断更加准确、迅速。别小看这些看病的技巧和小节，对于中医来说，很多时候一层口红几滴香水就可以让医生误诊。

健康习惯

"望诊"主要是医生通过视觉获得与诊断有关的信息，患者自觉或不自觉地掩盖自己的表象会影响医生的望诊的结果，导致误诊。看病前不要化妆，让医生看到一个真实的你，有助于诊断。

"望舌"是中医望诊的一个重要内容，医生希望能够看到患者真实的舌苔、舌色。有些患者早晨刷牙时拼命用牙刷刮舌面，目的是给医生看一个漂亮的舌头，但恰恰是因为这样让病看不明白、看不准确。

"闻诊"是医生根据患者散发的气味和声音来判断疾病，香水或香口胶会掩盖患者的气味。此外，患者发出声音的强弱等对疾病的诊断也很有用，不要刻意地渲染或抑制自己的声音，如看咳嗽病时既不要怕医生听不见而大声咳嗽，也不用忍住不咳嗽而两眼泪涟涟。

患者应该注意到，尽管医生有职业道德，要求其对所有患者一视同仁，但邋遢的身体气味任何人都不愿意闻到。

"问诊"是医生聆听患者的诉说的诊断方法。要注意重点突出，不要笼统地用"热气"、"消化不好"、"全身不舒服"、"觉得很虚"来回答医生的第一个提问。当医生问你哪里不舒服或需要什么帮助时，应该用临床症状（如头痛、全身乏力等）或客观体征（如发热、皮疹）等准确描绘自己的病情。

讲述完上述主诉后，患者应该将疾病的发生、发展、变化、治疗经过、用药情况、治疗结果简明准确地告诉医生，不要加太多的形容词。患者还要将自己的既往病史、家族病史、个人的特殊情况（过敏药物、饮食特别嗜好等）适当告诉医生，女患者必要时还需补充月经、孕育情况。

"切诊"，主要是按脉和触按全身各部位。快速的走动会影响脉象，最好在诊室外休息数分钟后再看病。按脉时均匀呼吸，肌肉放松。同时，有些疾病的检查需要触按胸、腹部，女患者不要穿连衣裙，以方便检查。

与医生准确 "说病"

健康提示

去医院看病，首先得向医生说明病情，如果病人懂得如何陈述病情，就能使医生快速做出正确的判断和采取有效的诊治措施，避免说与疾病无关的话。一般情况下，医生接诊的患者都比较多，为了让医生能集中精力看好病，患者说病时应就病论病，不要言及与疾病本身没多大关系的题外话。

健康习惯

最好由本人直接陈述，除非无表述能力的婴儿或其他非正常情况，一般应由患者自己向医生讲述病情，因为只有自己才能将疾病的发生及感觉情况真切地表达出来。如果患者本人不能陈述，应由最了解情况的人代述，避免多人七嘴八舌在一旁插言，使医生无所适从。

如实陈述病情主要应做到：不要夸大病情。有些人误认为夸大病情，把症状感觉讲得严重一些，医生才会重视，才会开 "好药"。殊不知这样会对医生产生误导，不利于正确诊断。不要隐瞒病情。有时医生会问一些令患者尴尬但却与疾病密切相关的问题，患者不要怕难为情而不如实作答，这样将会贻误治疗。如女青年腹痛，医生可能要问及性生活史，因为腹痛可能是由宫外孕引起的，如果尚未结婚的患者，碍于面子，不好意思承认，就有可能造成误诊。要据实说明治疗效果。有的病人经治疗后病情有了好转，但为了引起医生的重视，或出于其他目的，却不承认有疗效；还有些患者则恰好相反，他们经多次治疗后病情仍无好转，碍于情面，怕引起医生的反感，违心地说疗效不错。这些对正确诊断和巩固疗效都十分不利。

患者最好建立一份自己的健康档案，自己的病案资料如病历、检验报告单、影像图片、诊断证明书等要妥善保存，并整理建档，就诊时一并提供给医生参考，这对某些特定疾病患者尤为重要。在向医生说明病情时要讲清既往病史及有无家族遗传病，必要时还需向医生提供习惯嗜好、饮食结构、工作或生活环境等方面的情况。

疗效不佳及时转院

健康提示

由于种种原因，患者总是在病情危急时才被转院，被延误了治疗时机。被造成健康损害乃至丧命的患者一方，还哑巴吃黄连——有苦说不出。分析医生不能及时转走患者，除制度不健全外，原因有三：医术低下，利益驱动，面子问题。

即使是名医也不敢轻易说，自己在成为名医的过程中没做过一件伤害患者健康的事（当然包括无意的失误）。对于医生善意的失误、无意的伤害，患者一般会给予谅解的，他们清楚没有自己的付出就没有医生的成熟。事实上，倒常常是医生对患者的理解更少一些。

现实的情况是，大多数医生都不肯将自己的患者转出去，他们担心一旦将病人转走，那么这个病人就成了别的医生的病人而一去不复返，他不仅带走了患者对自己的希望与信任，也带走了自己对这个病历进一步研究的可能。这并非以小人之心度君子之腹，很多医院就有这样的规定：病人转院可以，但是病历不可带走。

健康习惯

在美国，A医师要将其患者转给B医师时，会将自己对于该病人所了解的病情及治疗过程，详细完整地交代给B医师，而B医师也可向A医师进一步了解病人治疗前后的情况，同时也会向A医师报告该病人其后治疗的进展情形。患者虽然转走了，可两个医生会随时联络，认真商量切磋治疗方案，并为取得的每一点成绩而欢欣鼓舞。这才是真正为患者着想的好医生应具备的素质。可我们的一些医生的做法却正好相反，他们同行相轻，相互贬低，有的甚至到了水火不相容的地步。自我封闭，单打独斗，受损失的不仅仅是他们自己，还有亟待救助的患者。

患者为什么要保持清醒理智，其中原因之一就是发现医生对自己的病症无所作为时，要毫不犹豫地及时转院。延误了治疗的时机就是延误了自己的生命。

心理习惯

怀揣制怒高招可 "熄火"

健康提示

同病毒一样，愤怒是人体中的一种心理病毒，会使人重病缠身，一蹶不振。可见愤怒对人的身心有百害而无一利。所以，必须克制自己，尽量不要发怒；怒气一旦出现，又要善于制怒。下面介绍几种制怒的习惯方法。

健康习惯

让步 遇到使人愤怒的人和事，应该想到，发怒并非良策，反而可能会增添新的麻烦，应该采取让步的办法。理智的让步，不仅自己心理上获得解脱，还会引起别人的谅解和同情。

升华 遇到令人气愤、不顺心的事，或长期处于逆境之中，要善于支配自己的感情，化气愤为干劲，在逆境中奋发。这样，一方面使自己做出一番事业来，同时也使自己在有所作为中得到解脱。

宣泄 令人气愤之事一旦发生，为了不使事态进一步加剧，或是强压在心中憋出病来，就必须设法解开因气愤而形成的"情结"。可以找一个通情达理、志同道合的人，尽情地倾诉一番自己的委屈，求得他的开导和安慰；或是唱唱笑笑地把"气"放出来；也可短时间地痛哭一场。当然，迁怒于他人或损坏公物则不足取。

转移 ●发怒时在大脑有一个强烈的兴奋灶，转移愤怒的情绪，就是要在大脑皮层建立另一个兴奋灶，用以削弱或抵消发怒的兴奋灶，这是一种积极的接受另一种刺激以达到制怒的目的的方法。例如，当要发怒时，可强制自己去做一些平时感兴趣的事情，如有意识地唱歌、听音乐，或欣赏名画。去有利于放松自己精神的环境中（如跟小孩玩耍），也是息怒的有效方法。

意控 凡是自我意识比较健全的人，发怒时，必须先行意识控制，以使愤怒不发生或减低情绪反应。例如在发怒时，心中可默念：息怒！息怒！犯不着这样！这样可使心理活动的动力系统产生抑制作用，从而达到制怒的效果。

回避 生活中如遇有致怒刺激，要主动避开，眼不见则心静，避免发怒。儒家提倡"非礼勿视，非礼勿听"，确能起到回避致怒刺激的效果。

正常人也要"发神经"

健康提示

对不良情绪进行疏泄是我们日常生活中保持良好心境的重要方法之一，人们经常会有意无意地使用宣泄或倾诉的办法。有时候，"自言自语"也是一种疏泄不良情绪的自我调节方法。德国的心理学家研究认为，"自言自语"是消除紧张的有效方法，有利于身心健康。

当你思虑重重时，若有机会听听自己的谈话，并对自己提一些问题时，那么你只从一个角度看问题或钻牛角尖的可能性就减少了。因此，心理学家们认为"自言自语"有调节情绪的作用。

健康习惯

1.自己的音调有一种使人镇静的作用，有一种安全感和人际交往的感受。

2.自我大声对话可以调整大脑中紊乱的思绪，尤其是在紧张劳累时。

3."自言自语"对一些个人问题可以较轻松地自我解决。就像对待朋友，澄清一起矛盾冲突，把问题摆到桌面上来解决，各自发表见解。在说的过程中，各种错误的见解和解决问题的可能性一目了然，最后决定就比较容易了。

4.有利于消除不良情绪。许多不良情绪如焦虑、紧张、自我忧虑和担心，若能讲出来就没有什么问题了，压在心中的石头就会被搬掉，从而达到心理平衡。

5.可以改善睡眠。因为冥思苦想属于混乱的内心对话，而"自言自语"摆明真理就可终止思虑，从而会使睡眠安定少做噩梦。

6.可改善社交能力。各种消极情绪会影响人的社交能力，使其社交能力受损，质量下降。自言自语通过自我疏泄不良情绪，使心理保持平衡，进而提高社交能力。

总之，有话就要说出来，有气也要撒出来，只要有利于健康，发发神经又如何？

经常给欲望撒撒气

健康提示

在实际生活中，事业有成、官运亨通或财源滚滚的人毕竟是少数。

要知道，在我们这个拥有一百多个国家和地区的世界里，联合国秘书长也只有一个；在千军万马的军队里，将军和元帅屈指可数；在世界上百万计、千万计的科技人员中，获诺贝尔奖的也寥寥无几。要知道，真正的才高八斗的人也是少数，绝大多数的人都是普普通通的、智商平平的、不招人惹眼的芸芸众生。所以，一个人不能把自己的人生奋斗目标定得太高，目标太高，心智才力又够不上，期望就会变成失望，不活得太累才怪呢！

健康习惯

一个人要活得轻松，各种欲望不可太强。既要大块吃肉，又想大碗喝酒；既要穿名牌，又想进补品；既要买私车，又想住豪宅；既要让自己的女人穿金戴银，又想让她们怀抱波斯猫手牵哈巴狗；既要让自己的家人衣食无忧，又想让七大姑八大姨都红红火火……如果放纵自己的欲望，就永无满足之日，你的生活就会累得喘不过气来，也就永无轻松之时了。

一个人要活得轻松，就要有良好的心态。如果你整天以抱怨的态度去对待生活中的事情，整天骂骂咧咧，怨天尤人；如果你经常怀疑别人的所作所为包藏不良的动机，以小人之心度君子之腹；如果你总是以自我为中心，指望别人围着自己转，听不进不同的意见和建议；如果你没有自己的做人原则，处处看别人的脸色行事，让别人牵着自己的鼻子走；如果你算计过人，处处都想赚人家，时时都想把天下的便宜占尽……只要有上述种种心态，你就会活得很累，就过不上轻松的日子。

生活有太多的难题和烦恼，要活得一点不累也不现实。你的学习、工作和生活太顺心，就不会有压力，难以产生前进的动力，也就很难摘取成功的硕果。但一个人绝对不能活得太累，太累了会伤筋动骨，会扭曲心灵，会危及身心健康。

为狭窄的心胸拓宽空间

健康提示

多疑心态是导致偏执性人格障碍的温床，需要警惕。多疑与猜疑不同。猜疑只是一般的怀疑，这种怀疑有可能毫无道理，纯粹是神经过敏所致，当然有时候也可能有一定道理并符合客观事实。正常的猜疑人皆有之，不属于心理问题。多疑就走向了另一个极端，绝大多数都是无端生疑，不仅在量上表现为更多的猜疑，而且在质上属于毫无根据。纯粹是为了证明成见、偏见的猜疑，是心理失衡的表现。

多疑的人往往不承认自己的多疑，因为这种疾病不像身体疾病，有医生证明。多疑了，却看不到自己的多疑，这是最危险的。如伏在草丛的一支箭，你不防备时，它就飞出来伤你个身心俱裂。

健康习惯

生活需要朋友，需要爱人，需要你用手牵起他们一起走过人生的坎坷。但你把原本的朋友想成敌人，把爱人想成谋夺你财产的小人，用一双黑暗中的眼睛去搜索他们的一举一动，这样，还会有快乐吗？友情、亲情、爱情就在你的门边，只等你放他们进来，不要因为多疑而把他们拒之门外。

现代人多疑病的病发率越来越高，缘起于骗子们的无孔不入。雷锋如果还活着，车站里恐怕没人让他帮忙提包袱了，因为人们会把他想象成抢劫犯。孕妇也会拒绝他的帮助，因为他可能是个拐卖妇女的不法之徒。所以现今世界，好人难做。

心理病需靠自身的意志力去痊愈，不要因为某些不和谐因素而怀疑所有的人；也不要因为曾经的经历而拒绝藏在身旁的美好情感。我们要用高度的理智、宽阔的胸怀、友善的态度对待他人。只要我们心旷如天地，就不会为这些小事而斤斤计较、无端猜疑了。

眼泪能给心理 "清淤"

健康提示

一般人都有过这种体会：当你着急的时候，胃就开始一阵阵痉挛性的疼痛。如果你去看医生，他便会给你一些胃药，还会告诉你得的是神经性胃炎，是胃在"消化"你的紧张情绪。其实，与其白白地紧张一阵，还不如回家去哭一场，把委屈连同眼泪一起挥洒掉。经实践，这种办法还真有效。

健康习惯

有不少心理学家认为，哭一哭是有好处的。不过只宜轻声啜泣，不宜大号，同时想象痛苦和委屈连同眼泪一起流出的情景。

顺便说一句，那些看令人伤感的书或悲悲切切的电影都会掉泪的人，在关键时刻比那些"有泪不轻弹的人"意志要坚定得多。

有人干脆就不会哭，这是一些不幸的人。心理学家把这种不会哭的现象看成是情感障碍，认为有必要去就诊。医生会认为这些人患有精神分裂症或肿瘤。因为泪液的分泌会促进细胞正常的新陈代谢，不让其形成肿瘤。

此外，我们在哭的时候，会不断地吸一口口短气和长气，这大大有助于呼吸系统和血液循环系统的工作。这种"带哭的呼吸"已经被运用到一些对治疗气喘和支气管炎非常有效的呼吸运动当中。

给自己的内心安装一台"稳压器"

健康提示

现代社会的生活工作节奏日益加快，很多人都感到心理不堪重负。有一个健康的心理习惯才能迎接生活和工作中的各种挑战。那么怎么才能算是心理健康呢？心理健康要求内外兼顾，对外，要人际关系良好，行为符合规范。对内，基本需要获得满足，心理机能正常。行为符合外界的规范，又能满足自己的心理需要，才是心理健康人的特征。

健康习惯

心理健康说到底是一种人生态度。心理健康的人，以积极的眼光看待世界，看待周围事物。所以，一个心理健康的人，有目标，但目标不要太完美，既要积极进取，又要正视客观现实，有一定程序弹性的道德准则。而缺乏道德观念与坚持"超道德"观念正是人格异常者与神经症患者常见的特征。

另外，心理健康并不是心理平衡。心理健康并非平衡与适应状态，而是处于两极的中间位置。通常人们把适应理解成对周围环境的顺从，把平衡理解为内心无冲突，但这并不是心理健康。一个满足现状，没有追求，不思进取的人，内心就很平衡，因为他不会有挫折感，也没有冲突，他健康不健康？如果说"适应"就是健康，那么现在社会上有的人见人说人话，逢鬼说鬼话，左右逢源，上下讨好，这种人算不算健康？

其实，上述两种人也未必快乐，其心理也未必正常。

一般把清除过度的紧张不安而达到内部平衡状态称作"消极的"或"低层次"的心理健康，而应该提倡的是"积极的"或"高层次"的心理健康。这种状态意味着总有高尚的目标追求，能发展建设性的人际关系，从事具有社会价值的创造，追求高层次需要的满足，寻求生活的充实。它的实质就是总有追求，始终是一个平衡——不平衡——平衡的过程。

意识锻炼推迟精神钝化

健康提示

如今竞争日益激烈，更多的压力迎面而来。许多人会程度不同地变得沉默寡言、离群索居起来，不大和人打交道。殊不知，缺少了心灵宣泄的机会，缺少了与人交流的次数，便容易导致精神上的老化。医学研究表明，人通过一些有意识的锻炼，可以推迟精神迟缓的到来。以下的习惯和方法行之有效，不妨一试。

健康习惯

保持乐观情绪　人的生活如果有明确的目标，就会感到有一种精神力量在支持着，就会精神振奋，有助于防止精神钝化。

多与陌生人交谈　人在说话时要动员大脑的许多部分，在陌生人面前讲话尤其如此。因此，经常在陌生人面前讲话，无疑是对大脑相应部位的良好刺激，能促使大脑功能的增强。

多背诵　勤记忆　防止大脑钝化的最好办法是学习。学习不仅是为了实用，也是为了防止大脑衰老。有些人通过背诵诗歌来训练大脑，其原理是一样的。

多写文章　写文章时，要文理通顺、结构紧凑、描写生动、用语得当，需要调动大脑的许多部位来参加这项工作，这就能使整个大脑得到很好的锻炼。

集中注意力　集中注意力的锻炼方法多种多样，如保持正确的坐或睡的姿势，静心地倾听闹钟的滴答声等。做完训练再去学习或工作时，你会感到效果倍增。

多听优美音乐　人的语言、计算分析等功能，都由大脑的左半球负担。工作后能听听音乐是很有好处的。因为音乐能刺激大脑右半球兴奋、活动，可以让左半球得到充分的休息。

多做口腔运动　人在疲倦时，打个哈欠，或讲话、朗读、唱歌，甚至漱口等，都对增强大脑功能有好处。

多散步　勤走路　走路不仅能锻炼腿部肌肉，还能消除大脑疲劳。因此，多走动、多散步，对防止大脑老化是有积极意义的。

冥想可缓解工作压力

健康提示

常年坚持练习冥想，能有效改进注意力并缓解工作压力。如果感到压力大、情绪不好，不妨在家中试着练习冥想。一般人只要每天有意识地放松自己，在静的状态下调整自己的呼吸速度，都能达到缓解压力、改善情绪的效果。

健康习惯

冥想将意识训练和行为训练结合在一起，意识训练一般要求静立、静坐和静卧，集中精神并调整呼吸；而行为训练则是用轻柔的动作来放松肢体，就像瑜珈一样，做完一系列动作后，平躺在地上，四肢放松，让自己的身心慢慢放松下来。

为什么冥想能缓解压力呢？这是因为呼吸的调节、身体的放松确实能够起到缓解压力的作用。如果放慢呼吸，心脏适应其速度后，就会随之放慢跳动节奏。而心脏的每次跳动都会使血液流通全身，跳动的频率放慢，对脑部的供血也会改变，从而实现对情绪的某些影响。

冥想通过获得深度的宁静状态而增强良好状态。在冥想期间，人们也许将注意力集中在自己的呼吸上，并努力调节呼吸，也许采取某些身体姿势，使外部刺激减至最小，产生特定的心理表象，或什么都不想。

需要指出的是冥想也并没有多么的神奇，冥想只是能够使人们更好地进入"入定"状态，从而达到真正的静。

偶尔也要"闹情绪"

健康提示

日常生活中，有些人会因心情不好"闹情绪"，或者火气很重，大喊大叫发脾气，或者沮丧悲伤，暗自垂泪……事后，他们又常常为自己的表现感到后悔，甚至觉得自己感情失控，是不是心理上出了什么问题。其实，适度表达自己的情绪，能使我们的情感处于更加平衡的状态。

健康习惯

在心理学上，情绪是指人发自本能的一种内心表达，譬如愉快的时候高歌、生气的时候暴躁、焦虑的时候沮丧。人们常常所说的"闹情绪"，主要指生气、悲伤、后悔、厌恶等带有负面性质的情感，这些情绪引起的一些举动，可能会让一个平日里温文尔雅的人突然变得不那么理智。需要指出的是，"闹情绪"和感到满足、高兴是一样的，都是人正常情感的需要。人有喜怒哀乐，各种情绪的产生和存在都有它的道理，如果一个人长期压抑不良情绪，不仅会影响人的心理健康，还会导致身体上的不适。

另外，每个人的承受能力都是有限的，一旦情绪积攒到一定程度无从宣泄，就会轰然倒塌，乃至精神崩溃。所以，通过一定途径表达内心情绪，抒发感情，才是健康的心理状态。

此外，不要把闹情绪作为"家常便饭"。人毕竟生活在社会当中，具有很强的社会性，除了要表达自己，也要顾及他人的感受。不能为了平衡自己的情感，而影响了正常的生活、工作和交往。而且，凡事都要有度，"闹情绪"并不意味着可以随心所欲地发泄。人们更要学会在合适的时间、向合适的人、用合适的方式来表达。例如，工作上遇到不顺心的事，和有经验的长辈或好友说说。如果实在没有合适的方式宣泄，哪怕独自大哭一场，也是一种释放不良感受的方式。

勤做"心理体操"对抗挫折

健康提示

人总是会遇到挫折，感受到压力，产生各种各样的不良情绪。遇到这种情况怎么办？为此，国内外的心理学家设计了"心理体操"，不妨经常做做。

健康习惯

渐进性放松 在安静的环境中采取舒适放松的坐位或卧位，做3次深呼吸，每次呼吸持续5～7秒钟。按规定的程序，对全身肌肉进行"收缩——放松"的交替练习，每次肌肉收缩5～10秒钟，然后放松30～40秒钟。每次训练大约20～30分钟。也可以紧握右手，慢慢地从1数到5，然后很快地放松右手，特别要注意放松时的感觉。重复一次，体会放松后的温暖。建立对放松感觉的回忆后就能放松全身。

自我训练在语言的暗示下缓慢地进行，步骤为：

1. "我的呼吸很慢、很深"。

2. "我感到很安静"。

3. "我感到很放松"。

4. "轻松的暖流流进了我的双脚，我的双脚是温暖的"。

5. "我的双脚感到了沉重和放松"（这句话可以用于身体的不同部位，由下而上逐一放松，例如可以从双踝关节、膝关节、小腿、大腿、臀部、腹部、胸部、双肩、颈部直到头部等）。

6. "我的全身感到安宁、舒适和放松，我感到一种内部的平静"。

7.当接近结束时，深吸一口气，慢慢地睁开眼睛，"我感到生命和力量流遍了全身，使我感到从来没有的轻松和充满活力"。

宣泄法　在感到痛苦、难受时，将自己的感受、经历、想法统统写出来，想到什么就写什么，不要考虑形式，也不管内容是否连贯，只要是当时想到的，都可以写。也可以用铅笔或彩笔在纸上随意涂鸦，说不定你能在解决情绪问题的同时，创作出一幅高水平的抽象画。

想象法　随意想一些让自己感到舒适的事情，例如在炎热的酷暑天、漂亮的遮阳伞下，你穿着游泳衣裤躺在沙滩上，一阵阵海风吹来，真凉爽啊！一排排海浪有节奏地拍打着海岸，发出哗啦哗啦的响声。一群群海鸥时而高飞，时而掠过海面……在这样的想象中，挫折感、压力感会渐渐离你而去。

自我激励法　人在遇到挫折感到痛苦时，最需要激励，但是，人们往往在这时会受到责备，或者自责。所以，保持健康的心态需要自我激励，在内心深处对自己进行表扬！如"我是一个坚强的人！""困难只会增加我的勇气！""黎明前是最黑暗的，光明就要来临。""我能保持理智的头脑，我做得到！"等等。

女性舒缓不良情绪的渠道

健康提示

总有人说做人难做女人更难，于是越来越多的女性在工作与家庭的双重压力下憔悴不堪！爱情诚可贵，健康价更高，虽说下面这些小"手段"会让你的另一半有些怨言，可身体是自己的，不出毛病才是关键。

健康习惯

唠叨　日本一位著名心理学家对5700名24岁以上的女性调查发现，半数以上的年轻妇女喜欢跟她的丈夫或好友倾诉内心的痛苦和烦恼，这些人的身体都比较健康。与此相反，约有1/3的女性是以酗酒、吸烟及用安眠药等方式来解决压力和不满，结果她们都不同程度地患有神经衰弱、月经失调、高血压等疾病。可见唠叨是女人一种特殊的保健方法。

撒娇　正常女性体内调节神经、血管功能的激素有两类：使神经兴奋、血管收缩的肾上腺素等；使神经抑制、血管舒张的乙酰胆碱等。爱撒娇的女性血液中乙酰胆碱等的含量远远高于不爱撒娇的女性，她们性格温柔、待人和气，不易发脾气，也较少发生身心疾病。

哭泣　在现实生活中，女性比较容易让自己的不良情绪发泄出来，有悲伤即哭泣，让紧张情绪及时得到释放，从而减少疾病。美国学者研究后发现，人们在情绪压抑时，会产生某些对人体有害的生物活性成分。哭泣后，情绪强度一般可减低40%，而那些不爱哭泣，没有利用眼泪消除情绪压力，结果是影响身体健康，促使某些疾病恶化，比如结肠炎、胃溃疡等疾病就与情绪压抑有关。

为自己的生命"减岁"

健康提示

善于给自己"减岁"，减去的是衰老、是忧愁，增添的是年轻、是欢乐，我们的生活将会青春勃发，五彩纷呈，何乐而不为？

健康习惯

学会为自己的生命减岁，流去的岁月只能使我们的容颜老去，却无法老去我们的心情，磨损我们的心境。只要我们保持一颗年轻的心，就能抵挡岁月的风霜留在我们容貌上的痕迹，从而使生命不老，青春永驻。

麦当娜有着公认的表演才华，也有着让人耳目一新的生活理念。她在40多岁的时候就曾说，虽然她的生理年龄是40多岁，但必须自己减去5岁，实际是35岁才对。论及这番理论，她自有一套道理：因为她的生命中有5年是被浪费掉的，而这浪费掉的5年，就该被减去。所以，在她看来，自己就是可以理直气壮地再年轻一次。

乍一看，麦当娜这想法够荒谬的，可这又何妨，我们的生理年龄在叠加，但是我们的心理年龄却可以反其道而行之，变得逐年递减。静下心来想想，自己是否也有些岁月是被浪费掉的，需要重新来过？

著名大提琴家卜萨尔斯90高龄时还每天坚持练琴四五个小时。当乐声从指间流出，他驼形的后背又变得挺直了，疲乏的双眼又充满了欢乐。英国人多丽丝·莱辛，在获得2007年诺贝尔文学奖时已88岁高龄，现在，她还每天写博客，而且她坚信，自己不老。

好心情来得如此容易

健康提示

谁都想天天有个好心情，然而，生活在竞争激烈的社会环境中，面对各方面的压力，一些人的心情很是糟糕。好心情从哪里来？德国哲学家叔本华说："人们不受事物的影响，却受对事物看法的影响。"同样的事情，你这样看或那样看，对你产生的作用会截然不同。如果这样看给你添乱，那又何必一条道儿跑到黑呢？不妨换个角度看，同是一件事却可能给你带来愉悦开心，何乐而不为呢？

健康习惯

记得有个哲学家和失恋者的故事很是有趣。一天晚饭后，哲学家去郊外散步，遇见一个青年男子在那伤心地哭泣，哲学家问他为何如此悲伤，那男子回答说："失恋了。"

哲学家闻听连连抚掌大笑道："糊涂啊糊涂。"青年男子停住哭声，气愤地质问："有学问就可以如此嘲笑愚弄别人吗？"哲学家摇摇头说："不是我取笑你，实在是你自己取笑自己啊。"

见青年男子不解，哲学家接着解释说："你如此伤心，可见你心中还是有爱的，既然你心中有爱，那对方心中必然无爱，不然你们又何必分手？而爱在你这边，你并没有失去爱，只不过失去了一个不爱你的人，这又何必伤心呢？我看你还是回去睡觉吧，哭泣的应该是那个人，她不仅失去了你，还失去了心中的爱，多可悲呀！"

青年男子于是破涕为笑，恨自己对这么浅显的道理都没有看透，他向哲学家深深鞠了一个躬，转身离去。

平日里，一些人往往习惯于往自己的身上或者是房间里洒一点香水，也许这样就会驱散身上的污秽和房间里的异味，使空气变得芬芳清新，让人感到心情舒畅。这个道理同样适用于人的情感。当人们有意识地往自己的头脑里增添一点点亢奋的情绪时，也许你就会变得快乐、变得有一份好心情；就会以积极的态度去生活、去工作、去迎接挑战。

人生是一条长河，要走许多的路，过许多的桥。路边的景色无奇不有，如果我们不去注意它本色的美丽和韵味，一味地去检讨自身的问题，那么你就将永远无法走出阴影，如果你稍稍把头抬起来，去注意那些随时随地都会陪伴着你的无限景色，你的天空也许就是一片灿烂！

长吁短叹吐出胸中块垒

健康提示

长期以来，人们认为长吁短叹是消极和悲观的表现。但日本心理学家的观察表明，当人们在悲哀惆怅的时候，长吁短叹几次，有安神解郁的坦然感；在工作、学习紧张疲劳的时候，长吁短叹一番，会有胸宽神定的豁达感；就是心满意足，愉快兴奋之时，长吁短叹一次，也会顿觉轻松愉快。

健康习惯

长吁短叹是人们对情绪的一种自我调整，有益于健康。心理学家曾经为竞赛前的运动员和迎考的考生分别检查了血压、心跳和呼吸，然后让他们长吁短叹一番。结果发现，他们的血压都有所下降，心跳和呼吸也均较前减缓和平稳，心理紧张状态得到改善，这些都有利于临场发挥和取得良好的成绩。心理学家指出，当人们在悲伤、忧愁、焦虑的时候，长吁短叹后会有胸宽郁解的豁亮感；在惊恐、惆怅的时候，长吁短叹后会有心安神定的坦然感；在疾病困扰时，长吁短叹能够有效地减轻痛苦。

专家认为，这是因为长吁短叹可以使体内横膈上升，促进肺部气体排尽，增加肺活量，血液因此得到充足的氧。长吁短叹还能加快血液循环，让身体处于松弛状态，这样就强化了迷走神经，改善了大脑兴奋和抑制失调的状况，就能消除悲伤痛苦和紧张焦虑以及精神压抑感，从而有益于机体内环境的调节和稳定，使机体脏腑功能得到充分发挥。

长吁短叹在吸气放松时吐音不同，会收到不同的健身效果。"呬"、"呵"、"呼"、"嘘"、"吹"、"嘻"六字各种变化的口型应有目的的进行。养生学家云：肺有疾作"呬"，可润肺；心有疾作"呵"，能补心；脾有疾作"呼"，可健脾；肝有疾作"嘘"，可养肝；肾有疾作"吹"，可固肾；三焦有疾作"嘻"，可理气。

因此，当你在悲哀惆怅、心情忧郁的时候，在工作、学习紧张疲劳的时候，在进行体育运动之前，在决定某项策略和决心进取之际，不妨长吁短叹一番，你会感觉到胸宽神定，豁达舒畅，精神饱满，轻松愉快。

要善于调整自己的心境

健康提示

学生的心情状况对学习有很大的影响。挫折、压力、疲劳、紧张或烦恼会使人心情不好，心情不好又反过来影响心理。心理和心境是互为前提的，互相影响的。要防止学习焦虑心理必须教育学生学会善于调节自己的心境，使自己经常处于愉快、舒坦、恬静、欢乐的心境之中。要想从根本上预防病症产生，就要学会保持良好的心理健康状态。

健康习惯

要树立学习自信心：有学习焦虑心理的学生一般都缺乏自信心，有自卑心理，总担心不如别人，被别人瞧不起而产生心理压力。有许多女生自尊心很强，很要"面子"，也会担心考不好而产生焦虑心理。

使自己树立自信心，克服自卑感是防治学习焦虑心理的重要手段。

让自己正确对待学习中的困难，要多看到学习中的进步和成功，学会欣赏自己的成功。学会学习，加强学习心理训练。

产生学习焦虑心理的直接原因是学习成绩不理想，由于考试成绩不理想出现心理压力而形成焦虑情绪。克服学习焦虑心理必须重视学生的学习能力的培养，提高学生的学习成绩去让学生感到学习成功的愉悦。

学习成绩不理想的原因很多，大多数属于学习方法问题，缺乏科学的学习方法。学习过度紧张不仅不能取得很好的学习效果，反而会降低学习效率和效果。学习要有张有弛，要注意学习效率，当情绪很好并有一定兴趣时，学习效率就好。而出现急躁情绪，对学习有厌倦情绪时去强迫学习，就会事倍功半，甚至没有学习效果，这样去恶性循环是不可能有学习效率的。应当注重学习方法的改进，合理去安排学习时间，学习和工作应有张有弛，不能不顾生理节律去拼命蛮干。

善于调节自己的心境：心情状况对学习有很大的影响。挫折、压力、疲劳、紧张或烦恼会使人心情不好，心情不好又反过来影响心理。心理和心境是互为前提的，互相影响的。要防治学习焦虑心理必须教育学生学会善于调节自己的心境，使自己经常处于愉快、舒坦、恬静、欢乐的心境之中。

用药习惯

学会识别药品的有效期

健康提示

人这一生当中，很多时间都离不开药，因此，应该养成吃药前首先要看看有效期的习惯，这样才能给我们的用药安全上一道锁。

健康习惯

1. 直接标明有效期 指该药可用至有效期最末月的月底，如标有"有效期：2008年8月"，表示该药可用到2008年8月31日。

2. 直接标明失效期 是指该药在该年该月的第一天起即失效。如标有"失效期：2008年6月"，表示该药用到2008年6月1日失效。

3. 只标明有效期为几年 这种表示方法要根据批号推算，如生产批号为20060913，有效期2年。则有效期应截止到2008年9月13日。

进口药品的有效期各国的标示方法均有不同，日本药品按"年—月—日"顺序排列，如有效期为2008年9月28日，则表示为2008.9.28；美国药品按月—日—年顺序排列，如有效期限为2008年10月20日，则表示为10.20.2008；西欧国家是按日—月—年顺序排列，如有效期限为2008年11月18日，则表示为18.11.2008。

但也有少数进口药品的生产日期、失效期无中文标示，只在外包装盒上有英文标示，EXPDATE（失效期）或USEBEFORE（在……前使用）字样。如 EXPDATE（或 USEBEFORE）11.2008，则表示 2008 年 11 月失效（或在 2008 年 11 月前使用）。

选"好药"不选贵药

健康提示

"吃药最好吃贵药"，这是人们在看病时的另一种普遍心理。但是，专家告诉我们，治疗同一种疾病的药物有很多种，贵药并不等于好药，很多价格便宜的药疗效也非常好。

健康习惯

一位病人患急性化脓性骨髓炎而中毒性休克，用升压药维持血压，已接近死亡边缘。用了多种抗生素，都不能控制病人的病情，细菌反而产生了耐药性。在大会诊中，有的专家主张使用泰能等贵药，大家各持己见。一位药师针对该病是一种革兰阳性球菌感染，提出用去甲万古霉素，并联用磷霉素注射以增强疗效，降低毒副不良反应。其实这种药在临床上并不是首选药，但它对耐药菌却有很强的抗菌性，疗效可靠，这与某些价格昂贵的超广谱抗生素相比更为合适。病情不等人，用药必须用准、用巧。会诊讨论采纳了这一方案。用药 32 小时，病人体温由39.4℃降至 37.4℃，病情逐渐好转。第五天撤除升压药，第七天病情明显好转，随后出院。这一用药方案不仅效果好，还经济实用。用泰能每日的药费为 776 元，而改用去甲万古霉素联用磷霉素，每天只用 164 元。由此可见，"好药"的标准不能以价格认定，而应以疗效为准。看来"便宜无好货，好货不便宜"的消费心理，用在看病吃药方面并不合适。

再如，治疗红斑狼疮最有效的药物强的松一分多钱一片，环磷酰胺一个月十几元，甲氨蝶呤一个月不足5元。相反那些价格昂贵的药物，疗效并不优于非常便宜的药。

药理学家对"好药"的定义是：一，必须疗效确切；二，对人体的毒副作用小；三，相对价格低廉且便于使用。因此，人们在选择药物时，决不能把新药、价高作为"好药"的衡量标准。

医院里治同一病的药常有数十种，分为两类：一类是进入国家基础药物目录的常用、首选药，大都疗效确实、安全、价格偏低；还有一类是新特药，适用于基础药物不能控制的病情或不适用的患者，价格往往偏高。

摆好正确姿势再服药

健康提示

喝水、吞药、抬头、把药咽下，这个习以为常的服药方法很可能影响药效发挥，因为服不同的药物，需要讲究不同的服药姿势，以便药效最大限度发挥。

健康习惯

仰卧依靠式 有些降压药含有 α 肾上腺素受体拮抗剂，如哌唑嗪、特拉唑嗪、多沙唑嗪等药物，首次服用很可能在两个小时内出现体位性低血压，导致患者突然晕倒或出现眩晕症状，临床称为"首剂效应"。因此，口服此类药物时最好靠在椅子上或是在床上服用，服用后不要站立走动，以减轻不良反应。

坐如钟式 有的人喜欢采用站立的姿势进行肌肉注射。其实，站立时臀部肌肉处于紧张状态，容易发生折针，药液吸收较慢。最好的方法是采用坐姿，不要让肌肉紧张，这样不但药物吸收好，痛感也会减轻。

立定青松式 临床常用的抗骨质疏松药物，如双膦酸盐类对消化道有很强刺激性，口服这类药物需采用站姿，服药后不要马上坐卧，最好走动30分钟。长期卧床的病人，禁用此药。

俯首低眉式 对于一些胶囊类药物，仰头服用则不太合适。因为，仰头吞服胶囊，很可能使胶囊粘在食道黏膜上，不利于药物吸收。正确的方法是稍微低一点头，将胶囊和水一起吞咽下去。

随机而动式 滴眼药时应坐正，抬头后仰，用手将下眼睑下拉，将滴管靠近眼睛进行滴药；鼻子用药应将头微微上仰，不要仰得太后以防滴鼻液从鼻后腔流入口腔，滴后轻轻捏几下鼻子，使药物和鼻黏膜充分接触。

药能少吃就少吃

健康提示

传统医学界仍在强调不合理用药和药物滥用的区别，认为只有吸毒才算真正的药物滥用。但事实上，病愈以后，一些人仍需要定期或连续服用来体验药品带来的轻松与间接的快感。药理学家认为当病人反复、大量以及非医疗目的的使用具有依赖潜力的药品时，就与吸毒没什么差别。因此我们应该做到：药可吃可不吃时，不吃；能吃一种时，就不要吃两种。

健康习惯

感冒到医院就诊，医生什么也没说，先打一针青霉素吧。以前是肌肉注射几十个单位，现在是点滴。青霉素不灵光了，幸好我们又有了先锋；先锋没了，可以用氨苄青霉素；当氨苄青霉素无效时，还可以换用头孢菌素；当头孢菌素失效时，人们还有最后一道防线——万古霉素。但是在1992年，美国首次发现了可对万古霉素产生耐药性的MRSA，这几乎将医生逼到无药可用的尴尬境地。这种恶性循环使新药开发像一个无底洞，对灵丹妙药持续的追求正在使更多的医生和患者沦为药物的奴隶。医学有着无穷的魅力和威力，这也正是它的可怕之处，人体内的微妙平衡遭到越来越粗暴的破坏，疾病在其中起的恶劣作用往往比不上治病的药剂。

医学界和民间自古以来就有"是药三分毒，特效药七分毒"的说法；就是说，药治病也致病，长期大量服药或用药不当，会给人体带来毒副作用，使病情加重或导致新的更多的疾病。科学研究表明，同时用药5种以下，不良反应的发生率约10%，用药6种以上时则增到了65%。以上这些数据是不是很可怕？台湾著名的药理学家杜聪明教授老当益壮、90岁高龄还能每天晨泳，并担任医教会的主委。有人曾问他是否发明了长生不老的秘药，他回答说："我研究的是药，但我的秘方是不吃药"。日本是人平均寿命最高的国家，日本人的吃药量仅占台湾人吃药量的1%。这些事实客观地证明：吃药越多的人患癌症的比例越高，可见，健康长寿的秘诀之一是尽量少吃药。

注意一些药的特殊吃法

健康提示

在普通人看来，药片都是整片吞咽下去，无须多此一举嚼碎它。然而，确有一部分药片依其所针对疾病的作用非嚼碎不可。

健康习惯

像复方胃舒平、氢氧化铝片，嚼碎后进入胃中能很快地在胃壁上形成一层保护膜，从而减轻胃内容物对胃壁溃疡面的刺激；如酵母片，因其含有黏性物质较多，不嚼碎在胃内形成黏性团块，会影响药物的作用。再如冠心病患者，随身携带保健盒，当心绞痛发作时，要取出其中的硝酸甘油片嚼碎含于舌下，才能迅速缓解心绞痛。高血压病人，血压突然增高，立即取一片心痛定嚼碎舌下含化，则能起到速效降压作用。

但是，有的人凡是服药总将药片掰成几块服，这样对有的药则无所谓，而有肠溶衣的药物，则可能造成意想不到的危害。因为这类药对胃的刺激性很大，轻者引起恶心、呕吐，重者胃出血，就是穿孔也不罕见。吃药喝水是常理，但有些人一口水把药送下，多一口都不喝，还有个别病人干脆用唾液把药送下，连一口水都不喝，殊不知这样也能造成危害。因此，服药多喝水，这样的习惯我们必须养成，也必须坚持下去。

服药时需要剔除的做法

健康提示

在家庭用药中，绝大部分是口服用药。为了让口服的药品更好地发挥药效，在服药过程中很多问题都是需要注意的，但又恰恰是我们所忽略的。从现在起，我们就应该养成一种正确的做法，以确保用药的安全和疗效。

健康习惯

不要用除白开水以外的其他水送药

口服用药应用白开水送药。不提倡用茶水、果汁等其他水送药。因为茶水中含有咖啡因、茶碱等物质，属于偏碱性的水溶液，这样用来送药，会与某些药物发生化学反应，影响药效的发挥。例如，我们经常服用的止痛药，是酸性的，如果用茶水送服，就会使酸碱中和，失去药效。果汁也同样，是酸性的水溶液，它可以使许多药提前溶解，不利于胃肠道的吸收。而且果汁中含有大量的维生素C，它是一种氧化还原剂，会影响到部分药效的发挥。

对于缓释制剂不要分解药剂后再服用

专家介绍，像一些片剂的药或胶囊都属于缓释药剂，在服用时把胶囊打开或把药片研碎都是不正确的服药方法。像止痛药的茶碱、治疗心脏病的硝苯吡啶就属于这类药，这样会破坏药品原有的药效，容易使服药当时吸收的浓度过高，而且也达不到一天平稳地释放药效的作用。

不要强行给小孩灌药

孩子都不愿意吃药，很多家长常捏孩子鼻子，强迫孩子张开口把药灌进去。这样很容易发生危险。孩子的鼻子被捏住，只能靠嘴巴呼吸，这时的溶液易呛进气管和支气管，轻则引起剧烈咳嗽，重则发生吸入性肺炎或药片堵塞呼吸道引起窒息，危及生命。

服中药时不能随意加糖

一般来说，中药，特别是汤药都比较苦，服用时患者往往要加点糖，其实一些中药是不适宜加糖后再服用的。我们常吃的糖分为白糖和红糖，红糖为温性，白糖为凉性。所以，加糖服药应首先了解药物的性状，凉性的药物可适当加一些白糖，热性的药物可加适量的红糖，这样才不会影响药效。另外，有些中药恰恰是利用苦味达到药效的，因此就不能加糖。中药的成分比较复杂，可能会与红糖中的铁、钙等起作用而影响疗效。所以，服用中药时可否加糖，最好询问医生，不要擅自做主。

经常打理家庭"药房"

健康提示

每个家庭都或多或少地会存放一些药品，但药品的保存应该有正确的方法，否则易霉变、过期，变质后造成浪费或误服而引起不良反应。绝大多数药品都很容易受到环境因素的影响而发生物理、化学变化。引起这些变化的常见原因包括光线、湿气和热度等。因此药品保存的首要原则就是避光、避湿、避热。

健康习惯

散装药粒要用避光玻璃瓶或塑料瓶装置，最好内放干燥剂。

液体制剂室温保存，如一般止咳糖浆、抗过敏糖浆、解热镇痛药或止流鼻涕药剂，这些药水开瓶后，不需摆在冰箱内，只要在室温下保存即可。因为大部分液体制剂在过低的温度下，可能会降低成分的溶解度，以致糖浆中糖分析出结晶，导致浓度与原先不符。

悬浮剂保存需要区分状态，如大部分抗生素类的糖浆，这些以粉末状盛装在容器内的药品，在室温下保存期限瓶外有标示，一旦加水后就应该放置在冰箱的冷藏室中，但保存期相应会变短。

肛门栓剂防软化则多数需要放在冰箱冷藏室中，以免软化。

眼药水存放依据标示，一般放在室温下即可。有特别提示的需放在冰箱中冷藏的，依标示处理。但要注意，若开封后1个月内未用完，应立即丢弃。

雾剂类药品喜温暖，应存放在室内较温暖的地方，以免在使用时发生喷药不畅、药物不匀的现象。

中药保存必须在低湿的环境下贮存，存放时最好能使用干燥的非铁器类密封罐，也可以用塑料袋将它层层包封以隔绝空气。若经常取药，可以将药品制成小包装，以免整体受潮；若长时间不用药，可将药品保存于冰箱中。

此外还应该注意：

1.外用药和内服药要分开存放，以免混淆。

2.不同的药品不要使用同一容器，以免相互污染或拿错药。

3.药品应存放在儿童无法取到的地方，以免造成误服。

4.药品说明书要保存好，以备查询。

5.放置较长时间的药品，每次取用时应该再读一次有效期。接近有效期的可用彩笔把日期标示出来。

6.由于多数药品是有机物，可以被分解，所以过期的药品除非有特别说明，可以将外包装撕掉后再冲入马桶。

居家备常用药可应急

健康提示

家庭常用药品是为了使一些小毛病能得到及时治疗、尽早控制，或至少能在去医院前做些临时处理。但要注意：对自己不能确诊或症状较重、变化较大的疾病，不能擅自用药。尤其是小儿生病时，常常发病急，变化大，小儿自己也难以言表，此时应去医院诊治。对成年人突发的各种病痛，老年人原有慢性病的突然变化，也应及时去医院诊治。

健康习惯

家庭应该备用的药种：

1.抗菌素：如麦迪霉素、复方新诺明、诺氟沙星、乙酰螺旋霉素、黄连素、克霉唑等。

2.消化不良药：如多酶片、复合维生素B、吗丁啉等。

3.感冒类药：如感冒清、病毒灵、速效伤风胶囊、康泰克、银翘解毒片、板蓝根冲剂等。

4.解热止痛药：如去痛片、扑热息痛、阿司匹林等。

5.胃肠解痉药：如654-2片、复方颠茄片等。

6.镇咳祛痰平喘药：如咳必清、心嗽平、咳快好、舒喘灵等。

7.抗过敏药：如扑尔敏、赛庚啶、息斯敏等。

8.通便药：如果导、大黄苏打片、麻仁丸等。

9.镇静催眠药：如安定、苯巴比妥等。

10.解暑药：如人丹、十滴水、藿香正气水等。

11.外用止痛药：如伤湿止痛膏、关节镇痛膏、麝香追风膏、红花油、活络油等。

12.外用消炎消毒药：如酒精、紫药水、红药水、碘酒、高锰酸钾、创可贴等。

13.其他类：风油精、清凉油、季德胜蛇药、84消毒液、消毒药棉、纱布以及胶布等。

吃药应选择"良辰吉时"

健康提示

由于人体的生命活动有"生物钟"节律，对药物的吸收、代谢、排泄产生影响，所以相同剂量的同一药物在不同时间使用，疗效不同，不良反应也不同。掌握这些时间规律，选择"良辰吉时"给药，使用恰到好处的剂量，不仅可事半功倍，而且可以减少不良反应。

健康习惯

冠心病 冠心病多发于早晨或上午，所以最好早上服用抗心绞痛药物。上午血液黏稠度大，易凝聚，所以早晨应适当饮水，使血液稀释，降低血液黏稠度，并服用抗血小板凝集的药物如阿司匹林、潘生丁等。

心力衰竭 心力衰竭服用强心利尿药也要注意时间规律，据研究，地高辛上午8～10时服用，血液浓度上升慢，峰值较低，但其生物利用度与效应最大；下午3～4时服药，血液浓度上升峰值最高，但生物利用度低。所以有人主张，宜每天上午用药，这样可以提高疗效，降低毒性。

支气管哮喘 支气管哮喘常在夜间发作，所以应在睡前服用长效氨茶碱及其他平喘药物。特别是在哮喘发作季节，冷风过境，气压过低，再加上各个病人的过敏源不同、对药物的过敏性不同，用药更要强调个体化。

风湿痛 风湿痛常早晨最重，而抗风湿药阿司匹林、布洛芬却是上午服药吸收较多，效果较晚上服药好。为解决早晨疼痛，宜1日3次服用，但不是平均分配，可早晨增加剂量，延长间隔时间，晚上服用量减少，夜间睡前再加服一次。同样药量，灵活运用就可避免早晨药物浓度的不足。

皮质激素类 皮质激素类药物的应用要与人体自身激素分泌"合拍"。正常人体肾上腺皮质激素分泌高峰在上午8时左右，中午则开始下降，下午最少。按常规平均分服，会打乱正常分泌节律，极易抑制垂体分泌促肾上腺皮质激素，导致肾上腺皮质功能减退，形成对激素药物的依赖。如果给药与人体节律"同步化"，在上午8时给予1日量，则可以提高疗效，减少不良反应。

糖尿病 对于糖尿病人来说，由于早晨各种抗胰岛素分泌增加，血糖容易升高，被称为糖尿病的"黎明现象"。而人在早晨对胰岛素最为敏感，因而早晨用量应稍增加。

总之，按照人体的"生物钟"用约，会取得满意的效果。

科学煎药疗效更佳

健康提示

煎药方法恰当与否，对疗效有一定的影响，所以煎煮中药方法很

重要。

健康习惯

先用冷水浸泡使药物变软，使细胞壁膨胀，药物的有效成分容易渗透到水分中。然后再煎煮，这样随着水温的逐渐增高，有效成分便容易被煎出。浸泡时间，一般以花、叶、茎类为主的药物可浸泡20分钟左右；以根、种子、果实为主的药物可浸泡30~60分钟，即外感祛邪药物浸泡时间宜短，而内伤滋补药浸泡时间宜长。

煎药也须讲究水量，加水过多则药汁浓度过低、药液太多，影响疗效；加水过少，不仅药物有效成分不易煎出，还容易煎焦。一般中药煎煮用水量以浸过药物3~4厘米为宜。但还要视药量大小、药物的性能、吸水量以及病情需要煎药时间的长短来适当增减。

煎煮中药必须正确掌握好火候。前人将火候分为武火（即大火）和文火（即小火）两种。要根据药物的不同性质与治疗需要，采用武火急煎和文火缓煎两种方法。一般来说，治疗伤风感冒的解表药以及清热药、芳香药，因煎煮时间短，宜用武火急煎，而味厚的滋补药，因煎煮时间长，宜用文火缓煎。武火使水分蒸发快，并且又易使药汁外溢，故目前往往采用先武后文相结合的方法，即先用武火急煎，沸后改用文火缓煎。

煎药时间应根据疾病的情况和药物的性质来定，可分3种煎药时间：

1.轻辛发散药：此类药物大多为治疗外感病的发汗解表药，多系花、叶、全草等，其性轻扬发散，味芳香，含挥发油较多，故煎药时间要短，因此煎煮时间头煎从沸后再煎10分钟左右，二煎煮沸后5分钟左右。

2.滋补调理药：此类药物大多为调补人体气血阴阳滋补药，含有大量营养物质，故煎药的时间最长，头煎从沸后再煮30~60分钟，二煎沸后20~30分钟。

3.一般药物：头煎从沸后再煎15~20分钟，二煎沸后10~15分钟。

滤取药汁要趁药液未凉时过滤最佳，用两层干净的纱布蒙在碗上，再进行滤药可保证药液清澄。

慧眼识假药

健康提示

在目前的医药市场上，药品可谓琳琅满目、品种繁多，患者用药的途径也随之增多。由于造假现象尚未杜绝，特别是对有儿童的家庭来讲，学会对真假药的鉴别很重要。

健康习惯

据专家介绍，药品的真伪可以从以下几方面去识别：

一看批准文号

药品批准文号是药品生产合法性的标志。从2002年12月1日起，对全国药品生产企业已合法生产的药品统一换发药品批准文号。主要内容是：

1.药品批准文号格式：国药准字+1个字母+8位数字；试生产药品批准文号格式：国药试字+1个字母+8位数字。字母H代表化学药品（原来称西药），Z代表中药，B代表保健药品，S代表生物制品，T代表体外化学诊断试剂，F代表药品辅料，J代表进口分装药品。

2.每种药品的每一规格为一个批准文号。

二看包装标签

1.药品的最小销售单元，即直接供上市药品的最小包装，必须按照规定印有标签并附有说明书。

2.进口药品的包装、标签，还应标明"进口药品注册证号"或"医药产品注册证号"、生产企业名称。

3.包装、标签有效期按年月顺序表示。

4.麻醉药品、精神药品、医疗用毒性药品、放射性药品等特殊管理的药品，外用药品、非处方药品在其大、中包装、最小销售单元和标签上必须印有规定的标志。

"巧吃"可减弱服药的副作用

健康提示

一些慢性病的治疗，往往需要长期服用一种药物。但是，若长期服用同一种药物，则很容易产生副作用。那么，克服这一矛盾就成了必然。

健康习惯

1.长期服用复方新诺明，容易引起结晶尿、血尿、尿闭等肾脏损害，克服的办法是加服等量的碳酸氢钠，同时，还要注意多喝些水。

2.长期服用呋喃妥因或呋喃唑酮，可导致周围神经炎等严重反应。克服的办法是注意补充适量的维生素 B_6。

3.长期服用四环素类广谱抗菌素，可因肠道内部分细菌受抑制，而使维生素 B 和 K 合成不足导致缺乏。克服的办法是同时适当补充维生素 B 和维生素 K。

4.长期服用水杨酸钠有抑制肝脏凝血酶原的作用。克服的办法是同时加服止血药维生素 K_3。

5.长期服用降压药肼苯哒嗪，容易发生缺铁性贫血。早期主要表现为无力、心悸、眼花、耳鸣、头晕、失眠等症状。克服的办法是适当补充铁剂，如硫酸亚铁、肝铁胶丸等。

6.长期服用排钾利尿药，如速尿、速尿酸、乙酰唑胺等，可引起低血钾症。其主要症状表现为四肢无力、烦躁不安、恶心、口苦、食欲不振、心悸等。克服的办法是同时加服适量的氯化钾。

7.长期服用雷米封，可引起维生素B_6缺乏。克服的办法是在用药的中期或后期，适当加服维生素B_6，但用量不能过大，因为维生素B_6可对抗雷米封的抗菌作用。

8.长期服用醋酸可的松可发生钙、铁吸收不良。克服的办法是适当补充钙和维生素D以预防脱钙和抽搐的发生。

了解"忌口"之后再服药

健康提示

大家都知道服用中药时有"忌口"，其实在服用西药时同样有"忌口"。如果在服用一些药物时又吃了"不对付"的食品，不仅会使药效打折，还有可能产生其他不良反应。因此，无论服用中药还是西药，都要注意"忌口"。

健康习惯

服滋补药时应忌食萝卜，因为萝卜有破气作用，可抵消补气作用；也不能与牛奶同服，否则会破坏两者的有效成分。

服抗生素不宜喝牛奶制品，以免降低药效。

服利福平、氯霉素、咖啡因忌喝牛奶。

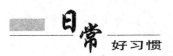
服阿司匹林时吃炸薯条药效就比较慢。

服钙片最好避免食菠菜。

服苦味健胃药不能喝糖水。

服碳酸氢钠、碳酸钙、氢氧化铝、胰酶素、红霉素、磺胺类药物忌食醋。

服伏降宁忌食酱油，以防降低药效。

服多酶片、蛋白酶合剂忌饮茶。

服氨基比林忌食腌制食品。

服降脂类药不宜吃含动物脂肪的食物。

服降压药、利尿药、肾上腺皮质激素等药时需少吃盐。

服抗凝血药物要少吃动物肝及含维生素 K 的食物。

服维生素 K 忌食猪肝、绿叶菜、黑木耳等等。

绕过联合用药的"雷区"

健康提示

盲目地或毫无必要地采用多种药物，应该极力避免，也就是说，药物服用越多，疗效不一定越好，有时还适得其反，影响疗效，甚至出现毒副反应。道理很简单，因为肝脏是药物的主要代谢器官，肾脏是药物的主要排泄器官，用药多了就会加重肝、肾负担。而且越来越多的研究表明，有不少药物同时应用，在体内会造成不利影响，甚至导致死亡。

健康习惯

据统计，当联合 5 种以下的药物时，不良反应的发生率为 4.2％，而联合20种以上的药物时，不良反应发生率为45%。例如高血压病人采用优降灵降压过程中，若加用镇静催眠药，可引起致死性低血压。利尿药（如双氢克尿噻、速尿等）和阿司匹林都能升高血中尿酸，合用后有的病人可引起急性痛风症状。不适当的多种抗生素合用，不仅有可能减弱抗菌作用，在毒性上也可增强，如链霉素、庆大霉素与卡那霉素等氨基甙类抗生素相互并用，可加重药物对第八对脑神经和肾脏的损害。对氨水杨酸钠能引起肠吸收障碍，与利福平合用，可使患者血浓度降低。这些例子可以说明一个问题，即那种"多用几种药好处总会多一点"的想法是片面的。为了减少药物不良发生率及药源性疾病，保证用药安全，必须按以下原则用药。

1.在保证治疗的前提下，联合用药的数量应尽量控制，宜少不宜多。

2.不要自己随便联合用药。

3.不要在同一时期内请几个医生诊治，服用几个医生开的药。